班组安全行丛书

安全生产基础知识

（第三版）

谢振华　主编

中国劳动社会保障出版社

图书在版编目(CIP)数据

安全生产基础知识／谢振华主编. -- 3版. -- 北京：中国劳动社会保障出版社，2022

（班组安全行丛书）

ISBN 978-7-5167-5588-4

Ⅰ.①安… Ⅱ.①谢… Ⅲ.①安全生产-基本知识 Ⅳ.①X93

中国版本图书馆CIP数据核字（2022）第160327号

中国劳动社会保障出版社出版发行

（北京市惠新东街1号 邮政编码：100029）

*

三河市华骏印务包装有限公司印刷装订 新华书店经销

880毫米×1230毫米 32开本 5.5印张 124千字
2022年9月第3版 2025年3月第3次印刷
定价：22.00元

营销中心电话：400-606-6496
出版社网址：http://www.class.com.cn

版权专有 侵权必究

如有印装差错，请与本社联系调换：（010）81211666

我社将与版权执法机关配合，大力打击盗印、销售和使用盗版图书活动，敬请广大读者协助举报，经查实将给予举报者奖励。

举报电话：（010）64954652

内容简介

本书以问答的形式讲述了企业安全生产的基本知识，内容包括安全生产概述、安全生产法律知识、安全生产管理知识、事故应急管理与救援知识、职业病危害与职业病防护知识、安全生产技术知识、事故调查处理知识七部分。

本书叙述简明扼要，内容通俗易懂，并配有一些事故案例。本书可作为班组安全生产教育培训的教材，也可供从事安全生产工作的有关人员参考、使用。

前言

班组是企业最基本的生产组织,是实际完成各项生产工作的部门,始终处于安全生产的第一线。班组的安全生产,对于维持企业正常生产秩序,提高企业效益,确保职工安全健康和企业可持续发展具有重要意义。据统计,在企业的伤亡事故中,绝大多数属于责任事故,而90%以上的责任事故又发生在班组。可以说,班组平安则企业平安,班组不安则企业难安。由此可见,班组的安全生产教育培训直接关系企业整体的生产状况乃至企业发展的安危。

为适应各类企业班组安全生产教育培训的需要,中国劳动社会保障出版社组织编写了"班组安全行丛书"。该丛书自出版以来,受到广大读者朋友的喜爱,成为他们学习安全生产知识、提高安全技能的得力工具。其间,我社对大部分图书进行了改版,但随着近年来法律法规、技术标准、生产技术的变化,不少读者通过各种渠道给予意见反馈,强烈要求对这套丛书再次进行改版。为此,我社对该丛书重新进行了改版。改版后的丛书共包括17种图书,具体如下:

《安全生产基础知识(第三版)》《职业卫生知识(第三版)》《应急救护知识(第三版)》《个人防护知识(第三版)》《劳动权益与工伤保险知识(第四版)》《消防安全知识(第四版)》《电气安全知识(第三版)》《危险化学品作业安全知识》《道路交通运输安全知识(第二版)》《金属冶炼安全知识(第二版)》《焊接安全知识

(第三版)》《起重安全知识（第二版）》《高处作业安全知识（第二版）》《有限空间作业安全知识（第二版）》《锅炉压力容器作业安全知识（第二版）》《机加工和钳工安全知识（第二版）》《企业内机动车辆安全知识（第二版）》。

  该丛书主要有以下特点：一是具有权威性。丛书作者均为全国各行业长期从事安全生产、劳动保护工作的专家，既熟悉安全管理和技术，又了解企业生产一线的情况，所写内容准确、实用。二是针对性强。丛书在介绍安全生产基础知识的同时，以作业方向为模块进行分类，每分册只讲述与本作业方向相关的知识，因而内容更加具体，更有针对性。班组可根据实际需要选择相关作业方向的分册进行学习。三是通俗易懂。丛书以问答的形式组织内容，而且只讲述最常见、最基本的知识和技术，不涉及深奥的理论知识，因而适合不同学历层次的读者阅读使用。

  该丛书按作业内容编写，面向基层，面向大众，注重实用性，紧密联系实际，可作为企业班组安全生产教育培训的教材，也可供从事安全生产工作的有关人员参考、使用。

目录

第一部分　安全生产概述 …………………………………（ 1 ）

　一、安全生产基本概念 ……………………………………（ 1 ）

　　1. 什么是安全和本质安全? ……………………………（ 1 ）

　　2. 什么是安全生产和安全生产管理? …………………（ 2 ）

　　3. 什么是事故的分类与分级? …………………………（ 2 ）

　　4. 什么是事故隐患? ……………………………………（ 4 ）

　　5. 什么是危险和危险源? ………………………………（ 4 ）

　　6. 什么是重大危险源? …………………………………（ 5 ）

　　7. 什么是危险和有害因素? ……………………………（ 6 ）

　二、事故预防 ………………………………………………（ 6 ）

　　8. 安全生产具有什么重要意义? ………………………（ 6 ）

　　9. 我国安全生产的方针是什么? ………………………（ 8 ）

　　10. 我国安全生产工作机制是什么? ……………………（ 8 ）

　　11. 事故预防与控制的基本方法是什么? ………………（ 9 ）

　　12. 安全生产管理原理与原则有哪些? …………………（ 9 ）

　　13. 我国安全生产监督管理体制是什么? ………………（ 9 ）

第二部分　安全生产法律知识 (11)

一、安全生产法律基本知识 (11)

14. 为什么要增强安全生产法律意识？ (11)
15. 我国有哪些关于安全生产的法律法规？ (12)
16. 《安全生产法》的主要内容有哪些？ (13)
17. 安全生产标准包括哪些种类？ (13)

二、从业人员的基本权利 (14)

18. 签订劳动合同时应注意哪些事项？ (14)
19. 什么是安全生产的知情权与建议权？ (15)
20. 什么是安全生产的批评、检举、控告权？ (16)
21. 法律赋予从业人员享有拒绝违章指挥和强令冒险作业权的目的是什么？ (16)
22. 什么是紧急情况下的停止作业和紧急撤离权？ (17)
23. 什么是工伤保险赔偿权？ (19)
24. 女职工依法享有哪些特殊劳动保护权利？ (20)
25. 未成年工依法享有哪些特殊劳动保护权利？ (21)
26. 什么是安全生产的监督权？ (23)

三、从业人员的义务 (24)

27. 从业人员有遵章守规、服从管理的义务吗？ (24)
28. 从业人员为什么必须按规定佩戴和使用劳动防护用品？ (25)
29. 从业人员需要接受培训、掌握安全生产技能吗？ (25)
30. 从业人员发现事故隐患后应该怎么办？ (26)
31. 被派遣劳动者的安全生产权利和义务有何规定？ (26)

四、安全生产基本法律要求 …………………………（27）
  32. 什么是安全设施和职业病防护设施"三同时"？……（27）
  33. 《安全生产法》对生产中的设备、设施有哪些安全
      要求？ ………………………………………………（28）
  34. 企业工作场所应满足哪些职业卫生要求？…………（28）
  35. 《中华人民共和国刑法》中有关安全生产犯罪的罪名
      主要有哪些？………………………………………（29）

第三部分　安全生产管理知识 …………………………（30）

一、安全生产责任制 …………………………………（30）
  36. 为什么要建立安全生产责任制？……………………（30）
  37. 班组长的安全生产责任有哪些？……………………（31）
  38. 从业人员的安全生产责任有哪些？…………………（31）

二、安全生产规章制度和安全操作规程 ………………（33）
  39. 建立安全生产规章制度的作用是什么？……………（33）
  40. 安全生产规章制度的种类有哪些？…………………（33）
  41. 什么是安全操作规程？………………………………（34）
  42. 安全操作规程包括哪些内容？………………………（34）

三、安全生产标准化 …………………………………（35）
  43. 为什么要加强安全生产标准化建设？………………（35）
  44. 安全生产标准化建设的主要内容有哪些？…………（36）
  45. 企业安全生产标准化建设的流程是什么？…………（37）

四、安全生产教育培训 ………………………………（38）
  46. 对企业其他从业人员的安全生产教育培训有什么
      要求？ ………………………………………………（38）

47. 三级安全教育培训包括哪些内容？……………………（40）
48. 岗位安全教育培训的内容有哪些？…………………（41）
49. 特种作业人员为什么必须持证上岗？………………（42）

五、危险辨识与安全风险管控 ……………………………（44）

50. 危险和有害因素辨识的方法有哪些？………………（44）
51. 危险和有害因素辨识的内容包括哪些？……………（45）
52. 安全风险如何进行分级？……………………………（47）
53. 安全风险管控的要求有哪些？………………………（47）

六、安全生产检查与隐患排查治理 ………………………（49）

54. 安全生产检查有哪些类型？…………………………（49）
55. 安全生产检查的内容有哪些？………………………（50）
56. 安全生产检查的方法有哪些？………………………（51）
57. 事故隐患排查治理的要求有哪些？…………………（52）
58. 事故隐患治理的程序是什么？………………………（53）

七、生产现场安全管理 ……………………………………（54）

59. 班前会、班后会的主要内容有哪些？………………（54）
60. 从业人员常出现哪些不安全行为？…………………（55）
61. 从业人员常出现哪些不安全心理状态？……………（56）
62. 什么是"四不伤害"和"三违"行为？……………（57）
63. 什么是安全色和安全标志？…………………………（58）
64. 生产现场安全管理方法有哪些？……………………（60）

八、劳动防护用品管理 ……………………………………（61）

65. 劳动防护用品有什么作用？…………………………（61）
66. 劳动防护用品有哪些种类？…………………………（62）
67. 劳动防护用品的配备要求有哪些？…………………（63）

68. 使用劳动防护用品应注意哪些事项？……………………（63）

69. 如何正确佩戴安全帽？……………………………………（64）

70. 使用安全带应注意哪些问题？……………………………（65）

九、工伤保险管理 ………………………………………………（66）

71. 如何认定工伤？……………………………………………（66）

72. 如何申请工伤认定？………………………………………（68）

73. 工伤职工可以享受哪些工伤保险待遇？…………………（68）

十、企业安全文化 ………………………………………………（69）

74. 企业安全文化的主要功能有哪些？………………………（69）

75. 班组安全文化建设有哪些主要途径？……………………（70）

第四部分 事故应急管理与救援知识 ………………………（72）

一、事故应急管理概述 …………………………………………（72）

76. 事故应急管理的过程包括哪些阶段？……………………（72）

77. 什么是事故应急救援？……………………………………（73）

78. 事故应急救援的基本任务是什么？………………………（73）

79. 事故应急响应的级别如何划分？…………………………（75）

二、事故应急预案及其管理 ……………………………………（75）

80. 什么是事故应急预案？事故应急预案有什么作用？……（75）

81. 事故应急预案的类别有哪些？……………………………（76）

82. 事故应急预案的主要内容有哪些？………………………（78）

83. 有关事故应急预案的教育培训有哪些要求？……………（78）

84. 什么是应急演练？应急演练有什么作用？………………（79）

85. 应急演练的类型有哪些？…………………………………（79）

86. 应急演练时有哪些人员参加？……………………………（80）

三、事故应急处置 …………………………………………（81）
　　87. 事故应急处置的基本要求有哪些？………………（81）
　　88. 发生火灾时如何逃生自救？………………………（81）
　　89. 事故现场应急救护的原则是什么？………………（83）
　　90. 怎样正确进行人工呼吸？…………………………（83）
　　91. 胸外心脏按压的基本要领是什么？………………（84）
　　92. 发生触电怎样急救？………………………………（85）
　　93. 发生中毒、窒息事故如何救护？…………………（86）

第五部分　职业病危害与职业病防护知识 ……………（88）

一、职业病危害与职业病的基础知识 ……………………（88）
　　94. 生产中有哪些职业病危害因素？…………………（88）
　　95. 职业病有哪些种类？………………………………（89）
　　96. 职业病的发生主要取决于哪些因素？……………（90）
二、职业病危害的预防与控制 ……………………………（91）
　　97. 生产性粉尘对人体会造成哪些危害？……………（91）
　　98. 防治粉尘的主要措施有哪些？……………………（92）
　　99. 生产性毒物有哪些危害？…………………………（93）
　　100. 生产性毒物危害的防治措施有哪些？……………（94）
　　101. 常见职业中毒的典型症状是什么？………………（95）
　　102. 噪声对人体有哪些危害？…………………………（97）
　　103. 如何控制作业场所的噪声危害？…………………（98）
　　104. 振动危害的预防控制措施有哪些？………………（99）
　　105. 生产中电磁辐射有哪些危害？……………………（100）
　　106. 在生产中如何采取有效的防电离辐射措施？……（101）

107. 高温作业对人体有哪些不利影响？ …………………（101）

108. 防暑降温措施有哪些？ ………………………………（102）

109. 对从业人员的职业健康监护是指什么？ ……………（103）

第六部分 安全生产技术知识 …………………………（106）

一、机械安全技术知识 ……………………………………（106）

110. 常见的机械伤害有哪些？ ……………………………（106）

111. 进行机械设备操作时应注意哪些安全问题？ ………（107）

112. 进行切削作业应该遵守哪些操作规定？ ……………（108）

113. 使用砂轮机有哪些安全要求？ ………………………（108）

114. 冲压作业安全操作规程的主要内容是什么？ ………（109）

115. 焊接作业应注意哪些安全问题？ ……………………（110）

二、电气安全技术知识 ……………………………………（111）

116. 常见的电气事故有哪几种？ …………………………（111）

117. 电对人体会产生哪些危害？ …………………………（113）

118. 造成触电事故的主要原因有哪些？ …………………（114）

119. 预防触电的技术措施有哪些？ ………………………（114）

120. 作业场所用电有哪些注意事项？ ……………………（116）

121. 雷电有哪些危害？如何防止雷电伤害？ ……………（117）

122. 静电有哪些危害？防静电的措施有哪些？ …………（118）

123. 使用手持电动工具要注意哪些安全事项？ …………（119）

三、防火防爆安全技术知识 ………………………………（121）

124. 发生火灾时应该如何报警？ …………………………（121）

125. 引起火灾的因素有哪些？ ……………………………（121）

126. 灭火的基本方法有哪些？ ……………………………（123）

127. 在生产现场如何配备灭火器？ ……………………（123）

128. 扑救初起火灾的原则和方法是什么？ ……………（125）

129. 防火防爆应注意哪些事项？ ………………………（126）

130. 使用易燃物品有哪些安全要求？ …………………（127）

四、特种设备安全技术知识 ………………………（128）

131. 锅炉、压力容器的使用有哪些安全管理规定？ ……（128）

132. 如何对压力容器进行安全操作和维护保养？ ………（130）

133. 如何安全使用气瓶？ ………………………………（131）

134. 起重作业要遵守哪些安全规定？ …………………（132）

135. 起重搬运作业有哪些注意事项？ …………………（133）

五、矿山安全技术知识 ……………………………（135）

136. 入井有哪些安全注意事项？ ………………………（135）

137. 在井下如何安全乘车和行走？ ……………………（135）

138. 如何预防瓦斯和煤尘爆炸事故？ …………………（137）

139. 预防顶板事故的措施有哪些？ ……………………（138）

140. 预防井下火灾事故的措施有哪些？ ………………（139）

141. 预防井下水灾事故的措施有哪些？ ………………（140）

142. 井下发生事故时如何逃生和自救？ ………………（140）

六、建筑安全技术知识 ……………………………（141）

143. 高处作业人员要注意哪些问题？ …………………（141）

144. 拆除作业要遵守哪些安全要求？ …………………（142）

145. 如何预防物体打击事故？ …………………………（143）

146. 施工现场如何预防触电事故？ ……………………（144）

147. 怎样预防坍塌事故？ ………………………………（145）

七、危险化学品安全技术知识 ………………………………（146）
 148. 危险化学品有哪些种类？ ……………………………（146）
 149. 化学品安全技术说明书和安全标签包括哪些
   内容？ ……………………………………………………（147）
 150. 储存危险化学品有哪些安全要求？ …………………（148）
 151. 危险化学品装运应遵守哪些安全规定？ ……………（149）
 152. 预防危险化学品事故有哪些措施？ …………………（150）
 153. 对危险化学品火灾有哪些紧急处置措施？ …………（151）
 154. 动火作业有哪些安全要求？ …………………………（152）
 155. 设备内作业有哪些安全要求？ ………………………（153）

第七部分　事故调查处理知识 ………………………（154）

一、事故调查处理的基本知识 …………………………………（154）
 156. 事故调查处理的依据和原则是什么？ ………………（154）
 157. 事故具有哪些特征？ …………………………………（155）
 158. 事故发生后应该如何进行报告？ ……………………（155）
二、事故的调查处理 ……………………………………………（157）
 159. 如何组织事故调查？ …………………………………（157）
 160. 导致事故发生的原因有哪些？ ………………………（157）
 161. 事故调查和批复的期限是多久？ ……………………（158）
 162. 如何认定事故的性质和追究事故责任？ ……………（158）

 # 安全生产概述

一、安全生产基本概念

1. 什么是安全和本质安全?

安全泛指没有危险、不出事故的状态。生产过程中的安全,即生产安全,是指在生产过程中不发生工伤事故、职业病、设备或财产损失。安全是相对的,任何事物都包含不安全因素,具有一定的危险性。

本质安全是指通过设计等手段使生产设备或生产系统本身具有安全性,即使在误操作或发生故障的情况下也不会造成事故。本质安全具体包括以下两方面安全功能。

(1) 失误—安全功能。操作者即使操作失误,也不会导致事故或伤害发生,或者设备设施和技术工艺本身具有自动防止人的不安全行为的功能。

(2) 故障—安全功能。设备设施和技术工艺发生故障或损坏时,能暂时维持正常工作或自动转变为安全状态。

上述这两种安全功能应是设备设施和技术工艺本身固有的,即在设备设施和技术工艺的规划、设计阶段就将这两种安全功能纳入其中,而不是事后补偿的。

本质安全是安全生产中"预防为主"思想的根本体现，也是安全生产的最高境界。

2. 什么是安全生产和安全生产管理？

安全生产是指在社会生产活动中，通过人、机、物料、环境的和谐运作，使生产过程中潜在的各种事故风险和伤害因素始终处于有效控制状态，切实保护从业人员的生命安全和身体健康。

安全生产管理就是针对生产过程中的安全问题，运用有效的资源，发挥人们的智慧，通过人们的努力，进行有关决策、计划、组织和控制等活动，实现生产过程中人与机器设备、物料、环境的和谐，达到安全生产的目的。

安全生产管理的目标是减少、控制危害和事故，尽量避免生产过程中由于事故所造成的人身伤害、财产损失、环境污染以及其他损失。

安全生产管理的基本对象是企业的从业人员及其物质和作业环境。安全生产管理的内容包括安全生产法制管理、行政管理、监督检查、安全生产规章制度、设备设施和作业环境管理、安全生产教育培训等方面。

3. 什么是事故的分类与分级？

生产安全事故是指在生产经营活动中发生的造成人身伤亡或者直接经济损失的事件。事故是意外事件，是人们不希望发生的，同时该事件产生了违背人们意愿的后果。

依据国家标准《企业职工伤亡事故分类》（GB 6441—1986），综合考虑起因物、引起事故的诱导性原因、致害物、伤害方式等，企业伤亡事故共分为20类：物体打击、车辆伤害、机械伤害、起重伤害、触电、淹溺、灼烫、火灾、高处坠落、坍塌、冒顶片帮、透水、放炮、火药爆炸、瓦斯爆炸、锅炉爆炸、容器爆炸、其他爆炸、中毒和窒息、其他伤害。

依据《生产安全事故报告和调查处理条例》（国务院令第493号），根据生产安全事故造成的人员伤亡或者直接经济损失，事故一般分为特别重大事故、重大事故、较大事故、一般事故4个等级，具体划分如下：

（1）特别重大事故是指造成30人以上死亡，或者100人以上重伤（包括急性工业中毒，下同），或者1亿元以上直接经济损失的事故；

（2）重大事故是指造成10人以上30人以下死亡，或者50人以上100人以下重伤，或者5 000万元以上1亿元以下直接经济损失的事故；

（3）较大事故是指造成3人以上10人以下死亡，或者10人以上50人以下重伤，或者1 000万元以上5 000万元以下直接经济损失的事故；

（4）一般事故是指造成3人以下死亡，或者10人以下重伤，或者1 000万元以下直接经济损失的事故。

注：该等级标准中所称的"以上"包括本数，所称的"以下"不包括本数。

◎相关知识

近年来，在党中央、国务院的正确领导下，经过各地区、各部门和单位的共同努力，生产安全事故多发、高发势头得到了有效遏制，我国安全生产状况呈现出总体稳定、持续好转的发展态势，从2003年开始已经连续实现事故起数和事故死亡人数的"双下降"。2021年，全国生产安全事故起数和死亡人数同比分别下降11.0%、5.9%，连续27个月无特别重大事故，创造了中华人民共和国成立以来历史最长间隔期。2021 年，全国共发生各类生产安全事故 3.46 万起，死亡 2.63 万人，我国安全生产形势依然严峻，事故总量偏大，安全基础仍然薄弱。

4. 什么是事故隐患？

事故隐患是指企业违反安全生产法律、法规、规章、标准、规程和安全生产管理制度的规定，或者因其他因素在生产经营活动中存在可能导致事故发生的危险状态、不安全行为和管理上的缺陷。

事故隐患分为一般事故隐患和重大事故隐患。一般事故隐患是指危害和整改难度较小，发现后能够立即整改排除的隐患。重大事故隐患是指危害和整改难度较大，应当全部或者局部停产停业，并经过一定时间整改治理方能排除的隐患，或者因外部因素影响致使企业自身难以排除的隐患。

◎ **法律知识**

《中华人民共和国安全生产法》（以下简称《安全生产法》）第五十九条规定，从业人员发现事故隐患或者其他不安全因素，应当立即向现场安全生产管理人员或者本单位负责人报告；接到报告的人员应当及时予以处理。

5. 什么是危险和危险源？

危险指系统中存在导致发生不期望后果的可能性超过了人们的承受程度。危险是人们对事物的具体认识，如危险环境、危险条件、危险状态、危险物质、危险场所、危险人员、危险因素等。一般用风险度来表示危险的程度。在安全生产管理中，风险度用生产系统中事故发生的可能性与严重性来表示。

危险源是指可能造成人员伤害、疾病、财产损失、作业环境破坏或其他损失的根源或状态。危险源可以是一次事故、一种环境、一种状态的载体，也可以是可能产生不期望后果的人或物。例如，液化石油气在生产、储存、运输和使用过程中，可能发生泄漏，引起中毒、火灾或爆炸事故，因此，充装了液化石油气的储罐是危险源；原油储罐的呼吸阀已经损坏，当储罐储存了原油后，有可能因呼吸阀损坏而发生事故，因此，损坏的原油储罐呼吸阀是危险源。

6. 什么是重大危险源？

广义上说，重大危险源是指可能导致重大事故发生的危险源。根据《安全生产法》的规定，重大危险源是指长期地或者临时地生产、搬运、使用或者储存危险物品，且危险物品的数量等于或者超过临界量的单元（包括场所和设施）。

《危险化学品重大危险源辨识》（GB 18218—2018）的表 1 中给出了 85 种常见危险化学品的临界量。未在表 1 范围内的危险化学品应根据其危险性，按《危险化学品重大危险源辨识》（GB 18218—2018）的表 2 确定其临界量。若一种危险化学品具有多种危险性，应按其中最低的临界量确定。

◎**法律知识**

《安全生产法》第四十条规定，生产经营单位对重大危险源应当登记建档，进行定期检测、评估、监控，并制定应急预案，告知从业人员和相关人员在紧急情况下应当采取的应急措施。

生产经营单位应当按照国家有关规定将本单位重大危险源及有关安全措施、应急措施报有关地方人民政府应急管理部门和有关部门备案。

7. 什么是危险和有害因素？

危险因素是指能对人造成伤亡或对物造成突发性损害的因素。有害因素是指能够影响人的身体健康、导致疾病或对物造成慢性损害的因素。通常情况下，二者并不加以区分而统称为危险和有害因素。

◎相关知识

危险和有害因素的分类主要有以下3种。

（1）按导致事故的直接原因进行分类。根据《生产过程危险和有害因素分类与代码》（GB/T 13861—2022）的规定，生产过程中的危险和有害因素分为4大类，即人的因素、物的因素、环境因素、管理因素，每一大类又分为若干小类。

（2）按事故类别进行分类。参照《企业职工伤亡事故分类》（GB 6441—1986），综合考虑起因物、引起事故的诱导性原因、致害物、伤害方式等，将危险和有害因素分为20类。

（3）按职业健康分类。参照原国家卫生计生委、人力资源社会保障部、原国家安全生产监督管理总局和全国总工会联合发布的《职业病危害因素分类目录》，将危害因素分为6类：粉尘、化学因素、物理因素、放射性因素、生物因素、其他因素。

二、事 故 预 防

8. 安全生产具有什么重要意义？

安全生产是党和国家在经济建设中一贯的指导思想和重要方针，

是统筹发展和安全，坚持人民至上、生命至上，树牢安全发展理念与构建社会主义和谐社会的必然要求。

安全生产的根本目的是保障从业人员在生产过程中的安全和健康。安全生产是安全与生产的统一，安全促进生产，生产必须安全。没有安全就无法正常进行生产。搞好安全生产工作，改善劳动条件，减少人员伤亡与财产损失，不仅可以增加企业效益，促进企业健康发展，而且还可以促进社会和谐，保障经济建设安全运行。

◎相关知识

习近平总书记指出，安全生产事关人民福祉，事关经济社会发展大局。确保安全生产、维护社会安定、保障人民群众安居乐业是各级党委和政府必须承担好的重要责任。

安全生产工作要坚持中国共产党的领导，各级党委和政府要牢固树立发展决不能以牺牲安全为代价的红线意识，以防范和遏制重特大事故为重点，坚持标本兼治、综合治理、系统建设，统筹推进安全生产领域改革发展。

安全生产工作要以人为本，坚持人民至上、生命至上，把保护人民生命安全摆在首位，树牢安全发展理念，坚持安全第一、预防为主、综合治理的方针，从源头上防范化解重大安全风险。

要坚决落实安全生产责任制，切实做到党政同责、一岗双责、失职追责。要健全预警应急机制，加大安全监管执法力度，深入排查和有效化解各类安全生产风险，提高安全生产保障水平，努力推动安全生产形势实现根本好转。各生产单位要强化安全生产第一意识，落实安全生产主体责任，加强安全生产基础能力建设，坚决遏制重特大安全生产事故发生。

9. 我国安全生产的方针是什么？

《安全生产法》明确规定，安全生产工作应当以人为本，坚持人民至上、生命至上，把保护人民生命安全摆在首位，树牢安全发展理念，坚持安全第一、预防为主、综合治理的方针，从源头上防范化解重大安全风险。

"安全第一"是指在生产经营活动中，在处理保障安全与生产经营活动的关系上，要始终把安全放在首要位置，优先考虑从业人员及其他人员的人身安全，实行"安全优先"的原则。在确保安全的前提下，努力实现生产的其他目标。

"预防为主"是指安全生产工作的重点应放在预防事故的发生上，它是安全生产方针的核心，是实施安全生产的根本。安全生产工作应当做在生产活动之前，事先就充分考虑事故发生的可能性，并自始至终采取有效措施防止和减少事故的发生，做到防患于未然，将事故消灭在萌芽状态。

"综合治理"是指要自觉遵循安全生产规律，抓住安全生产工作中的主要矛盾和关键环节，标本兼治，重在治本，综合运用科技、法律、经济、行政等手段，并充分发挥社会、从业人员、舆论的监督作用，有效解决安全生产领域的问题。

10. 我国安全生产工作机制是什么？

《安全生产法》规定，安全生产工作实行管行业必须管安全、管业务必须管安全、管生产经营必须管安全，强化和落实生产经营单位主体责任与政府监管责任，建立生产经营单位负责、职工参与、政府监管、行业自律和社会监督的机制。

11. 事故预防与控制的基本方法是什么？

事故预防是通过采取措施使事故不发生。事故控制是通过采取措施使事故发生后不造成严重后果或尽可能减轻事故后果。

对于事故的预防与控制，应从安全技术、安全教育、安全管理三方面入手，采取相应对策措施。安全技术对策措施着重解决物的不安全状态问题。安全教育和安全管理对策措施则主要着眼于人的不安全行为问题。安全教育对策措施主要使人知道哪里存在危险源，如何导致事故发生，事故发生的可能性和严重程度，对于可能发生的危险应该怎样处理。安全管理对策措施则是要求必须怎样做。

12. 安全生产管理原理与原则有哪些？

安全生产管理原理是从生产管理的共性出发，对生产管理中安全工作的实质内容进行科学分析、综合、抽象与概括所得出的安全生产管理规律。安全生产原则是指在安全生产管理原理的基础上，指导安全生产活动的通用规则。

安全生产管理原理包括系统原理、人本原理、预防原理、强制原理。运用系统原理的原则有动态相关性原则、整分合原则、反馈原则、封闭原则，运用人本原理的原则有动力原则、能级原则、激励原则、行为原则，运用预防原理的原则有偶然损失原则、因果关系原则、3E（工程技术、教育、强制）原则、本质安全化原则，运用强制原理的原则有安全第一原则、监督原则。

13. 我国安全生产监督管理体制是什么？

目前，我国安全生产监督管理体制是综合监管与行业监管相结合，国家监察与地方监管相结合，政府监督与其他监督相结合。

（1）综合监管与行业监管。应急管理部是国务院主管安全生产综合监督管理的主体行政部门，依法对全国安全生产实施综合监督管理。交通运输部、水利部、住房城乡建设部、工业和信息化部、文化和旅游部、市场监管总局、生态环境部等国务院有关部门分别对交通、铁路、民航、水利、电力、建筑、国防工业、邮政、电信、旅游、特种设备、核安全等行业和领域的安全生产工作负责监督管理，即行业监管或专业管理。

（2）国家监察与地方监管。针对某些危险性较高的特殊领域，国家为了加强安全生产监督管理工作，专门建立了国家监察机制，如矿山、水上交通、特种设备等领域。

（3）政府监督与其他监督。政府监督主要有应急管理部门和其他负有安全生产监督管理职责的部门的监督、监察部门的监督。其他监督主要有安全技术、管理服务机构的监督，社会公众的监督，工会的监督，新闻媒体的监督，居民委员会、村民委员会等组织的监督。

 安全生产法律知识

一、安全生产法律基本知识

14. 为什么要增强安全生产法律意识？

依法治国是中国共产党领导人民治理国家的基本方略，是发展社会主义市场经济的客观需要，也是国家长治久安的必要保障。增强安全生产法律意识是运用法律手段保障安全生产的前提，这既是由安全生产的特点所决定的，又是由法律的特点所决定的。

（1）安全生产是一个普遍的要求，即事事、处处、人人都必须重视和达到安全生产的要求，而法律的普遍性和强大的约束力可以为实现安全生产提供有力的保障。

（2）安全生产的要求必须自觉遵守，认真执行，不得违反，而安全生产的这种强制性要求只有通过立法的形式才能实现，使违反者受到法律的制裁，承担法律责任。

（3）安全生产事关重大，需要权威的力量来支持与保障，而法律的一个特有优势就是具有权威性，可以用国家的力量来强制执行。增强安全生产法律意识的目的，就是使人们认识到法律的权威不容侵犯，从而自觉遵守安全生产法律、法规，保障生产安全。

15. 我国有哪些关于安全生产的法律法规?

我国全部现行的安全生产法律规范形成的有机联系的统一整体称为安全生产法律体系,包括法律、法规、部门规章和法定安全生产标准等。

我国安全生产专门法律有《安全生产法》《中华人民共和国消防法》《中华人民共和国道路交通安全法》《中华人民共和国海上交通安全法》《中华人民共和国矿山安全法》《中华人民共和国特种设备安全法》等,安全生产相关法律主要有《中华人民共和国突发事件应对法》《中华人民共和国劳动法》《中华人民共和国职业病防治法》《中华人民共和国矿产资源法》《中华人民共和国煤炭法》《中华人民共和国建筑法》《中华人民共和国铁路法》《中华人民共和国公路法》《中华人民共和国民用航空法》《中华人民共和国港口法》《中华人民共和国电力法》《中华人民共和国刑法》《中华人民共和国行政处罚法》等。

安全生产法规主要有《生产安全事故报告和调查处理条例》《生产安全事故应急管理条例》《煤矿安全监察条例》《国务院关于预防煤矿生产安全事故的特别规定》《建设工程安全生产管理条例》《危险化学品安全管理条例》《烟花爆竹安全管理条例》《民用爆炸物品安全管理条例》《安全生产许可证条例》《特种设备安全监察条例》《工伤保险条例》《大型群众性活动安全管理条例》等。

安全生产有关的部门规章主要有《生产经营单位安全培训规定》《安全生产事故隐患排查治理暂行规定》《生产安全事故应急预案管理办法》《注册安全工程师管理规定》《建设项目安全设施"三同

时"监督管理办法》《高层民用建筑消防安全管理规定》《工贸企业粉尘防爆安全规定》等。

16. 《安全生产法》的主要内容有哪些？

在我国安全生产法律体系中，《安全生产法》的法律地位和法律效力是最高的。《安全生产法》是我国安全生产领域的第一部基本法律，也是安全生产领域的综合性法律。《安全生产法》是各类企业及其从业人员实现安全生产所必须遵循的行为准则，是各级人民政府和各有关部门进行监督管理和行政执法的法律依据，是制裁各种安全生产违法犯罪行为的法律武器。

《安全生产法》的立法目的是加强安全生产工作，防止和减少生产安全事故，保障人民群众生命和财产安全，促进经济社会持续健康发展。《安全生产法》包括7章，分别为总则、生产经营单位的安全生产保障、从业人员的安全生产权利义务、安全生产的监督管理、生产安全事故的应急救援与调查处理、法律责任、附则，共119条。

17. 安全生产标准包括哪些种类？

安全生产标准是安全生产法律体系的重要组成部分，也是安全生产管理的基础和监督执法工作的重要技术依据。安全生产标准的范围包括矿山安全、危险化学品安全、建筑安全、消防安全、机械安全、电气安全及防爆、交通运输安全、个体防护装备、特种设备安全等。安全生产标准的种类有国家标准、行业标准、地方标准、团体标准和企业标准。

国家标准的代号为GB，如《危险化学品重大危险源辨识》（GB 18218—2018）、《爆破安全规程》（GB 6722—2014）。安全生产行业标准的代号为 AQ，如《化工建设项目安全设计管理导则》（AQ/T 3033—2022）。地方标准的代号为 DB，如《城市轨道交通运营安全管理规范》（DB 11/T 1166—2015）。团体标准是由有关社会团体按照《团体标准管理规定》制定的，标准代号为 T。企业标准由企业根据需要自行制定，标准代号为 Q。

二、从业人员的基本权利

18. 签订劳动合同时应注意哪些事项？

从业人员在上岗前应和用人单位依法签订劳动合同，建立明确的劳动关系，确定双方的权利和义务。在签订劳动合同时应注意两方面的问题：第一，在合同中要载明保障从业人员劳动安全、防止职业危害的事项；第二，在合同中要载明依法为从业人员办理工伤保险的事项。

从业人员遇有以下合同不要签。

（1）"生死合同"：在危险性较高的行业，有的用人单位会在合同中写上一些逃避责任的条款，典型的如"发生伤亡事故，单位概不负责"。

（2）"暗箱合同"：这类合同隐瞒工作过程中的职业危害，或者采取欺骗手段剥夺从业人员的合法权利。

（3）"霸王合同"：有的用人单位与从业人员签订劳动合同时，只强调自身的利益，无视从业人员依法享有的权益，不容许从业人员提出意见，甚至规定"本合同条款由用人单位解释"等。

（4）"卖身合同"：这类合同要求从业人员无条件听从用人单位安排，用人单位可以任意安排加班加点，强迫从业人员劳动，使从业人员完全失去人身自由。

（5）"双面合同"（阴阳合同）：一些用人单位在与从业人员签订合同时准备了两份合同，一份用来应付有关部门的检查，一份用来约束从业人员。

◎**法律知识**

《**安全生产法**》第五十二条规定，生产经营单位与从业人员订立的劳动合同，应当载明有关保障从业人员劳动安全、防止职业危害的事项，以及依法为从业人员办理工伤保险的事项。

生产经营单位不得以任何形式与从业人员订立协议，免除或者减轻其对从业人员因生产安全事故伤亡依法应承担的责任。

19. 什么是安全生产的知情权与建议权？

在生产劳动过程中，往往存在着一些危险和有害因素。从业人员有权了解其作业场所和工作岗位与安全生产有关的情况：一是存在的危险和有害因素，二是防范措施，三是事故应急措施。从业人员对于安全生产的知情权，是保护从业人员生命健康权的重要前提。如果从业人员知道并且掌握有关安全生产的知识和处理办法，就可以消除许多不安全因素和事故隐患，从而避免或者减少事故的发生。

同时，从业人员对本单位的安全生产工作有建议权。安全生产工作涉及从业人员的生命安全和健康。因此，从业人员有权参与用人单位的民主管理，积极、主动关心安全生产工作，为本单位的安全生产工作献计献策，提出意见与建议。

◎ **法律知识**

《安全生产法》第五十三条规定，生产经营单位的从业人员有权了解其作业场所和工作岗位存在的危险因素、防范措施及事故应急措施，有权对本单位的安全生产工作提出建议。

20. 什么是安全生产的批评、检举、控告权？

从业人员是企业的主人，他们对安全生产情况尤其是安全生产管理中的问题和事故隐患最了解、最熟悉，具有他人不能替代的作用。只有依靠从业人员并且赋予其必要的安全生产监督权和自我保护权，才能做到预防为主，防患于未然，才能保障他们的人身安全和健康。关注安全，就是关爱生命，关心企业。

安全生产的批评权，是指从业人员对本企业安全生产工作中存在的问题提出批评的权利。这一权利规定有利于从业人员对企业进行群众监督，促使企业不断改进安全生产工作。

安全生产的检举权、控告权，是指从业人员对本企业及有关人员违反安全生产法律、法规的行为，有向主管部门和司法机关进行检举和控告的权利。检举可以署名，也可以不署名；可以用书面形式，也可以用口头形式。但是，从业人员在行使这一权利时，应注意检举和控告的情况必须真实，要实事求是。

21. 法律赋予从业人员享有拒绝违章指挥和强令冒险作业权的目的是什么？

从业人员享有拒绝违章指挥和强令冒险作业权，这是保护从业人员生命安全和健康的一项重要权利。

在生产劳动过程中，有时会出现企业负责人或者管理人员违章指挥和强令从业人员冒险作业的情况，由此可能导致事故发生，造成人员伤亡。因此，法律赋予从业人员拒绝违章指挥和强令冒险作业的权利，不仅是为了保护从业人员的人身安全，也是为了警示企业负责人和管理人员必须照章指挥，保障安全。企业不得因从业人员拒绝违章指挥和强令冒险作业而对其进行打击报复。

◎事故案例

某日上午，某建材厂在建筑工程施工中违反操作规程，强令工人乘提升吊篮冒险作业，致使钢丝绳断裂，造成了1人死亡、5人重伤、1人轻伤的严重后果。事故发生前几天，该厂建筑安装队队长徐某就发现提升吊篮的钢丝绳有点毛，但未及时采取措施，继续安排工人盲目蛮干。发生事故的当天，工人向副队长时某反映钢丝绳"毛得厉害"，时某检查发现有一尺多长的毛头，便指派安装工钟某更换钢丝绳。而钟某为了追求进度，轻信钢丝绳不可能马上断，决定先把7名工人送上楼干活，再换钢丝绳。当吊篮接近四楼时，钢丝绳突然断裂，导致发生人员伤亡事故。

◎法律知识

《安全生产法》第五十四条规定，从业人员有权对本单位安全生产工作中存在的问题提出批评、检举、控告，有权拒绝违章指挥和强令冒险作业。

生产经营单位不得因从业人员对本单位安全生产工作提出批评、检举、控告或者拒绝违章指挥、强令冒险作业而降低其工资、福利等待遇或者解除与其订立的劳动合同。

22. 什么是紧急情况下的停止作业和紧急撤离权？

在生产过程中，自然和人为危险因素有时不可避免，作业时可能发生一些意外的或者人为的直接危及从业人员人身安全的危险情况，对从业人员造成人身伤害。当遇到危险紧急情况并且无法避免时，最大限度地保护现场从业人员的生命安全是第一位的，因此法律赋予从业人员享有停止作业和紧急撤离的权利。

《安全生产法》第五十五条规定，从业人员发现直接危及人身安全的紧急情况时，有权停止作业或者在采取可能的应急措施后撤离作业场所。

生产经营单位不得因从业人员在前款紧急情况下停止作业或者采取紧急撤离措施而降低其工资、福利等待遇或者解除与其订立的劳动合同。

从业人员在行使这项权利时必须明确以下4点。

（1）危及从业人员人身安全的紧急情况必须有可靠的直接根据，凭借个人猜测或者误判而实际并不属于危及从业人员人身安全的紧急情况除外，该项权利不能滥用。

（2）紧急情况必须直接危及人身安全，在间接或者可能危及人身安全的情况下，不应撤离，而应采取有效处理措施。

（3）出现直接危及人身安全的紧急情况时，首先要停止作业，然后采取可能的应急措施。采取应急措施无效时，应撤离作业场所。

（4）该项权利不适用于某些从事特殊职业的从业人员，比如车辆驾驶人员等。

例如，当建筑施工工地发生物体坍塌、火灾、爆炸等直接危及人身安全的紧急情况时，有关人员应立即停止作业，并视发生情况的严重程度作出恰当处理，在采取可能的应急措施（如按要求关闭正在运行的电气设备）后，按逃生路线迅速撤离作业场所。又如，在矿山井下开采中，出现矿压活动频繁剧烈、巷道或工作面底板突然鼓起、支架破坏等情况，以及煤（岩）层变软、湿润等煤与瓦斯突出预兆时，井下作业人员有权停止作业，及时撤离。

◎ 事故案例

某年4月12日16时，山西某煤矿13名工人进入12-2皮带巷掘进工作面作业，到达工作面后发现巷道正头顶板有滴水现象，未进行探放水便开始放炮作业。放炮后，工作面淋水增大，正头夹缝处已出现流水，班长王某立即向调度室报告。20时，值班矿领导吕某来到12-2皮带巷查看出水情况后，安排工人继续架棚作业。20时40分，掘进巷正头的一大块煤掉了下来，发生透水事故。透水后，工人杨某用井下电话立即向调度室报告，掘进一队只跑出来3人，矿领导吕某和另外10人被困在里面。调度室值班员刘某立即向矿长、总工程师、安全副矿长、生产副矿长等矿领导报告井下透水情况，并通知井下作业人员紧急撤离。事故发生时井下共有作业人员111人，其中100人安全升井，11人被困。

23. 什么是工伤保险赔偿权？

根据《安全生产法》的规定，企业应当依法为从业人员办理工伤保险的事项。企业不得以任何形式与从业人员订立协议，免除或者减轻其对从业人员因生产安全事故伤亡依法应当承担的责任。

工伤保险费由企业缴纳，从业人员个人不缴费。

在进行生产经营活动中，从业人员可能发生意外伤害、职业病以及因这两种情况造成的死亡。在从业人员暂时或永久丧失劳动能力时，从业人员或其近亲属有权从国家、社会得到必要的物质补偿。这种物质补偿一般以现金形式体现。

《安全生产法》的有关规定明确了以下4个问题：

（1）从业人员依法享有工伤保险和伤亡求偿的权利，这项权利必须以劳动合同必要条款的书面形式加以确认；

（2）依法为从业人员缴纳工伤保险费和给予民事赔偿是企业的法律义务；

（3）发生生产安全事故后，从业人员可依照劳动合同和工伤保险相关规定的约定，获得相应的赔付金；

（4）从业人员获得工伤保险赔付和民事赔偿的金额标准、领取和支付程序，必须符合法律、法规和国家的有关规定。

◎**法律知识**

《安全生产法》第五十六条规定，因生产安全事故受到损害的从业人员，除依法享有工伤保险外，依照有关民事法律尚有获得赔偿的权利的，有权提出赔偿要求。

《工伤保险条例》第二条规定，中华人民共和国境内的企业、事业单位、社会团体、民办非企业单位、基金会、律师事务所、会计师事务所等组织和有雇工的个体工商户（以下称用人单位）应当依照本条例规定参加工伤保险，为本单位全部职工或者雇工（以下称职工）缴纳工伤保险费。

中华人民共和国境内的企业、事业单位、社会团体、民办非企业单位、基金会、律师事务所、会计师事务所等组织的职工和个体工商户的雇工，均有依照本条例的规定享受工伤保险待遇的权利。

24. 女职工依法享有哪些特殊劳动保护权利？

女职工的身体结构和生理特点决定其应受到特殊劳动保护。女职工的体力一般比男职工差，特别是女职工在"五期"（经期、孕期、产期、哺乳期、绝经期）有特殊的生理变化现象，所以女职工对工业生产过程中的有毒有害因素一般比男职工更敏感。另外，高噪声环境、剧烈振动、放射性物质等都能对女性生殖功能和身体产生有害影响。因此，要做好和加强女职工的特殊劳动保护工作，避免和减少劳动生产过程给女职工带来的危害。

《中华人民共和国劳动法》对女职工的特殊劳动保护作出以下规定。

（1）禁止安排女职工从事矿山井下、国家规定的第四级体力劳动强度的劳动和其他禁忌从事的劳动。

（2）不得安排女职工在经期从事高处、低温、冷水作业和国家规定的第三级体力劳动强度的劳动。

（3）不得安排女职工在怀孕期间从事国家规定的第三级体力劳动强度的劳动和孕期禁忌从事的劳动。对怀孕 7 个月以上的女职工，不得安排其延长工作时间和夜班劳动。

（4）女职工生育享受不少于 90 天的产假。

（5）不得安排女职工在哺乳未满一周岁的婴儿期间从事国家规定的第三级体力劳动强度的劳动和哺乳期禁忌从事的其他劳动，不得安排其延长工作时间和夜班劳动。

◎ **法律知识**

关于女职工其他特殊劳动保护政策和女职工禁忌作业范围的规定，可查阅《中华人民共和国妇女权益保障法》《女职工劳动保护特别规定》等。

25. 未成年工依法享有哪些特殊劳动保护权利？

《中华人民共和国劳动法》规定，未成年工是指年满 16 周岁未满 18 周岁的劳动者。未成年工依法享有特殊劳动保护的权利，这是针对未成年工处于生长发育期的特点以及接受义务教育的需要所采取的特殊劳动保护措施。

未成年工处于生长发育期，身体机能尚未健全，也缺乏生产知识和生产技能，过重及过度紧张的劳动、不良的工作环境、不合适的劳动工种或劳动岗位，都会对他们产生不利影响。如果劳动过程中不进行特殊保护，就会损害他们的身体健康。例如，未成年女职工长期从事负重作业和立位作业，可影响骨盆正常发育，导致生育难产发病率增高；未成年工对生产性毒物敏感性较强，长期从事有毒有害作业易引起职业中毒，影响其生长发育。

◎ **法律知识**

《中华人民共和国劳动法》第六十四条规定，不得安排未成年工从事矿山井下、有毒有害、国家规定的第四级体力劳动强度的劳动和其他禁忌从事的劳动。

《中华人民共和国劳动法》第六十五条规定，用人单位应当对未成年工定期进行健康检查。

关于未成年工其他特殊劳动保护政策和未成年工禁忌作业范围的规定，可查阅《中华人民共和国未成年人保护法》《未成年工特殊保护规定》等。

◎ **相关案例**

某年5月，刚满16周岁的小张被某宾馆录用。宾馆与小张签订了为期3年的劳动合同，约定小张的工作岗位是宾馆锅炉房司炉。小张上班后发现锅炉房司炉工作比较清闲，对这份工作很满意。到了该年10月份，宾馆开始向房间供暖，小张的工作量变得非常大，每天需要用推车推运50多车煤，工作一天下来感到精疲力竭，身体吃不消。小张于是向宾馆有关负责人要求增加人手或予以调换工作岗位，而宾馆有关负责人以劳动合同中明确约定了小张的工作岗位为由拒绝了小张的请求。为此双方发生了争议，在协商不成的情况下，小张在法律援助中心的帮助下向当地劳动争议仲裁委员会申请仲裁，请求宾馆为自己调换适当的工作岗位。

劳动争议仲裁委员会受理并核查事实后裁决宾馆立即为小张调换适当的工作岗位。劳动争议仲裁委员会认定宾馆违法使用未成年工，具体原因如下：

（1）宾馆安排小张从事锅炉房司炉工作违反了法律、法规关于未成年工禁忌劳动范围的规定。《未成年工特殊保护规定》中明确规定，禁止未成年工从事锅炉司炉工作。

（2）宾馆在未成年工小张上岗之前没有对其进行健康检查。

（3）宾馆使用未成年工小张未向当地有关部门进行登记。国家为了实行对未成年工的特殊劳动保护，对使用未成年工实行登记制度。未成年工须持未成年工登记证上岗。

26. 什么是安全生产的监督权？

我国安全生产监督管理制度包括安全生产监督管理体制、各级应急管理部门以及其他有关部门各自的安全生产监督管理职责、公众监督、社区组织监督和新闻舆论监督等重要内容。

《安全生产法》规定，任何单位或者个人对事故隐患或者安全生产违法行为，均有权向负有安全生产监督管理职责的部门报告或者举报。居民委员会、村民委员会发现其所在区域内的生产经营单位存在事故隐患或者安全生产违法行为时，应当向当地人民政府或者有关部门报告。县级以上各级人民政府及其有关部门对报告重大事故隐患或者举报安全生产违法行为的有功人员，给予奖励。新闻、出版、广播、电影、电视等单位有进行安全生产公益宣传教育的义务，有对违反安全生产法律、法规的行为进行舆论监督的权利。

发动人民群众和社会力量对安全生产进行监督，对安全生产违法行为进行举报，可以避免或者减少重大生产安全事故，可以使安全生产违法行为得到查处。对进行举报的有功人员给予奖励可以弘扬正气。

三、从业人员的义务

27. 从业人员有遵章守规、服从管理的义务吗？

企业的安全生产规章制度、安全操作规程是企业管理规章制度的重要组成部分。

根据《安全生产法》及其他有关法律、法规和规章的规定，企业必须制定安全生产规章制度和操作规程。从业人员必须严格依照这些规章制度和操作规程进行生产经营作业。企业的负责人和管理人员有权依照规章制度和操作规程进行安全管理，监督检查从业人员遵章守规的情况。

依照法律规定，从业人员不服从管理，违反安全生产规章制度和操作规程的，由企业给予批评教育，依照有关规章制度给予处分；造成重大事故，构成犯罪的，依照《中华人民共和国刑法》有关规定追究其刑事责任。

◎ **法律知识**

《安全生产法》第五十七条规定，从业人员在作业过程中，应当严格落实岗位安全责任，遵守本单位的安全生产规章制度和操作规程，服从管理，正确佩戴和使用劳动防护用品。

28. 从业人员为什么必须按规定佩戴和使用劳动防护用品？

按照法律、法规的规定，为保障人身安全，企业必须为从业人员提供必要的、安全的劳动防护用品，以避免或者减轻作业中的人身伤害。但在实践中，一些从业人员缺乏安全知识，心存侥幸或嫌麻烦，往往不按规定佩戴和使用劳动防护用品，由此引发的人身伤害事故时有发生。另外，有的从业人员由于不会或者没有正确使用劳动防护用品，同样也难以避免受到人身伤害。因此，正确佩戴和使用劳动防护用品是从业人员必须履行的法定义务，这是保障从业人员人身安全和企业安全生产的需要。

◎事故案例

某日，某化工厂浓硫酸泵发生了故障，须立即组织人员进行抢修。抢修人员均穿戴了雨衣、防毒口罩、水鞋、防酸手套、安全帽等，却忘了戴防酸眼镜。刚开始时，抢修工作进展顺利。但在收工、试车时，一位抢修人员上前查看，一股具有强烈刺鼻气味的浓硫酸呈水柱样喷了出来，这位抢修人员脸部、身上都溅满了浓硫酸，双眼因没戴防酸眼镜而被严重灼伤。

这个事故说明，从业人员必须按规定佩戴劳动防护用品。一旦发现不按规定佩戴劳动防护用品的违章行为，班组长以及其他从业人员应该及时予以纠正。

29. 从业人员需要接受培训、掌握安全生产技能吗？

不同单位、不同工作岗位和不同的生产设施设备具有不同的安全技术特性和要求。随着高新技术装备的大量使用，企业对从业人员的安全素质要求越来越高。从业人员的安全生产意识和安全技能的高低，直接关系企业生产活动的安全可靠性。从业人员需要具有系统的安全知识、熟练的安全生产技能，以及对不安全因素和事故隐患、突发事故的预防、处理能力和经验。因此，为适应企业生产活动的需要，从业人员必须接受专门的安全生产教育和业务培训，不断提高自身的安全生产技术知识和能力。

◎**法律知识**

《安全生产法》第五十八条规定，从业人员应当接受安全生产教育和培训，掌握本职工作所需的安全生产知识，提高安全生产技能，增强事故预防和应急处理能力。

30. 从业人员发现事故隐患后应该怎么办？

从业人员往往是事故隐患和不安全因素的知情人。许多生产安全事故正是由于从业人员在作业现场发现事故隐患和不安全因素后，没有及时报告，以致延误了采取措施进行紧急处理的时机，最终酿成惨剧。相反，如果从业人员尽职尽责，及时发现并报告事故隐患和不安全因素，使之得到及时、有效的处理，就可以避免事故发生和降低事故损失。所以，发现事故隐患并及时报告是贯彻"安全第一、预防为主、综合治理"的方针，加强事前防范的重要措施。

◎**法律知识**

《安全生产法》第五十九条规定，从业人员发现事故隐患或者其他不安全因素，应当立即向现场安全生产管理人员或者本单位负责人报告；接到报告的人员应当及时予以处理。

31. 被派遣劳动者的安全生产权利和义务有何规定？

《安全生产法》第六十一条规定，生产经营单位使用被派遣劳动者的，被派遣劳动者享有本法规定的从业人员的权利，并应当履行本法规定的从业人员的义务。

《安全生产法》第二十八条规定，生产经营单位使用被派遣劳动者的，应当将被派遣劳动者纳入本单位从业人员统一管理，对被派遣劳动者进行岗位安全操作规程和安全操作技能的教育和培训。劳务派遣单位应当对被派遣劳动者进行必要的安全生产教育和培训。

生产经营单位接收中等职业学校、高等学校学生实习的，应当对实习学生进行相应的安全生产教育和培训，提供必要的劳动防护用品。学校应当协助生产经营单位对实习学生进行安全生产教育和培训。

四、安全生产基本法律要求

32. 什么是安全设施和职业病防护设施"三同时"？

根据《安全生产法》的规定，企业新建、改建、扩建工程项目的安全设施，必须与主体工程同时设计、同时施工、同时投入生产和使用。安全设施投资应当纳入建设项目概算。

根据《中华人民共和国职业病防治法》的规定，建设项目的职业病防护设施所需费用应当纳入建设项目工程预算，并与主体工程同时设计、同时施工、同时投入生产和使用。

"三同时"制度是落实企业安全生产主体责任的重要途径，是事故和职业病预防的重要手段，能从本质安全及源头上控制事故和职业病的发生。

33. 《安全生产法》对生产中的设备、设施有哪些安全要求？

企业应当在有较大危险因素的生产经营场所和有关设备、设施上，设置明显的安全警示标志。

安全设备的设计、制造、安装、使用、检测、维修、改造和报废，应当符合国家标准或者行业标准的要求。

企业必须对安全设备进行经常性维护、保养，并定期检测，保证正常运转。维护、保养、检测应当做好记录，并由有关人员签字。

企业不得关闭、破坏直接关系生产安全的监控、报警、防护、救生设备、设施，或者篡改、隐瞒、销毁其相关数据、信息。餐饮等行业企业使用燃气的，应当安装可燃气体报警装置，并保障其正常使用。

企业使用的危险物品的容器、运输工具，以及涉及人身安全、危险性较大的海洋石油开采特种设备和矿山井下特种设备，必须按照国家有关规定，由专业生产单位生产，并经具有专业资质的检测、检验机构检测、检验合格，取得安全使用证或者安全标志，方可投入使用。

国家对严重危及生产安全的工艺、设备实行淘汰制度，企业不得使用应当淘汰的危及生产安全的工艺、设备。

34. 企业工作场所应满足哪些职业卫生要求？

根据《中华人民共和国职业病防治法》，产生职业病危害的企业工作场所应当符合下列职业卫生要求：

（1）职业病危害因素的强度或者浓度符合国家职业卫生标准；

（2）有与职业病危害防护相适应的设施；

(3) 生产布局合理，符合有害与无害作业分开的原则；

(4) 有配套的更衣间、洗浴间、孕妇休息间等卫生设施；

(5) 设备、工具、用具等符合保护从业人员生理、心理健康的要求；

(6) 法律、行政法规和国务院卫生健康部门、应急管理部门关于保护从业人员健康的其他要求。

35.《中华人民共和国刑法》中有关安全生产犯罪的罪名主要有哪些？

《中华人民共和国刑法》有关安全生产犯罪的罪名主要有重大责任事故罪，强令、组织他人违章冒险作业罪，危险作业罪，重大劳动安全事故罪，大型群众性活动重大安全事故罪，不报、谎报安全事故罪等。

重大责任事故罪，是指在生产、作业中违反有关安全管理的规定，因而发生重大伤亡事故或者造成其他严重后果的行为。

强令、组织他人违章冒险作业罪，是指强令他人违章冒险作业，或者明知存在重大事故隐患而不排除，仍冒险组织作业，因而发生重大伤亡事故或者造成其他严重后果的行为。

危险作业罪，是指在生产、作业中违反有关安全管理的规定，具有发生重大伤亡事故或者其他严重后果的现实危险的行为。

重大劳动安全事故罪，是指安全生产设施或者安全生产条件不符合国家规定，因而发生重大伤亡事故或者造成其他严重后果的行为。

第三部分 安全生产管理知识

一、安全生产责任制

36. 为什么要建立安全生产责任制?

安全生产责任制是以人为本,坚持"安全第一、预防为主、综合治理"的安全生产方针和"三个必须"(管业务必须管安全、管行业必须管安全、管生产经营必须管安全)原则,将企业各级负责人员、各职能部门及其工作人员和各岗位生产人员在安全生产方面应做的事情和应负的责任加以明确规定的一种制度。

安全生产责任制是企业岗位责任制的一个重要组成部分,是企业各项安全生产规章制度的核心,也是最基本的安全管理制度。安全生产责任制把"安全生产,人人有责"从制度上固定下来。

建立完善的安全生产责任制的总要求是坚持"党政同责、一岗双责、齐抓共管、失责追责",横向到边、纵向到底,并由企业主要负责人组织建立。

◎ **法律知识**

《安全生产法》第四条规定,生产经营单位必须遵守本法和其他有关安全生产的法律、法规,加强安全生产管理,建立健全全员安全生产责任制和安全生产规章制度,加大对安全生产资金、物资、技术、人员的投入保障力度，改善安全生产条件，加强安全生产标准化、信息化建设，构建安全风险分级管控和隐患排查治理双重预防机制，健全风险防范化解机制，提高安全生产水平，确保安全生产。

37. 班组长的安全生产责任有哪些？

班组长全面负责本班组的安全生产工作，是安全生产法律法规和规章制度的直接执行者。班组长的安全生产责任包括以下7个方面。

（1）认真执行有关安全生产的规章制度和安全操作规程，对本班组从业人员在生产中的安全和健康负责。

（2）根据生产任务、生产环境和从业人员思想状况等特点，开展事故预防工作。对新调入的从业人员进行岗位安全教育，并在其熟悉工作前指定专人负责其安全。

（3）组织本班组从业人员学习安全操作规程，检查执行情况，教育从业人员在任何情况下不得违章蛮干。发现从业人员违章作业时，应立即制止。

（4）经常进行安全检查，发现问题及时解决。对不能从根本上解决的问题，要采取临时控制措施，并及时上报。

（5）认真执行交接班制度，遇到安全问题，在隐患未排除之前或责任未分清之前不交接。

（6）发生工伤事故，要保护现场，立即上报，详细记录，并组织全班组从业人员认真分析，吸取教训，提出防范措施。

（7）对事故预防工作中的好人好事及时予以表扬。

38. 从业人员的安全生产责任有哪些？

（1）认真学习和严格遵守各项规章制度，不违反劳动纪律，不违章作业，对本岗位的安全生产负直接责任。

（2）精心操作，严格执行工艺纪律，做好各项记录。交接班必须交接安全情况。

（3）正确分析、判断和处理各种事故隐患，把事故消灭在萌芽状态。如果发生事故，要正确处理，及时如实地向上级报告，并保护现场，做好详细记录。

（4）按时认真进行巡回检查，发现异常情况及时处理和报告。

（5）正确操作设备，精心维护设备，保持作业环境整洁，搞好文明生产。

（6）上岗必须按规定着装，妥善保管和正确使用各种劳动防护用品和灭火器材。

（7）积极参加各种安全活动。

（8）有权拒绝违章作业的指令，对他人违章作业应加以劝阻和制止。

◎ **法律知识**

《中华人民共和国刑法》第一百三十四条规定，在生产、作业中违反有关安全管理的规定，因而发生重大伤亡事故或者造成其他严重后果的，处3年以下有期徒刑或者拘役；情节特别恶劣的，处3年以上7年以下有期徒刑。

《中华人民共和国刑法》第一百三十六条规定，违反爆炸性、易燃性、放射性、毒害性、腐蚀性物品的管理规定，在生产、储存、运输、使用中发生重大事故，造成严重后果的，处3年以下有期徒刑或者拘役；后果特别严重的，处3年以上7年以下有期徒刑。

二、安全生产规章制度和安全操作规程

39. 建立安全生产规章制度的作用是什么？

安全生产规章制度是指企业依据国家有关法律法规、国家和行业标准，结合生产经营的安全生产实际，以企业名义颁发的有关安全生产的规范性文件，一般包括规程、标准、规定、措施、办法、制度、指导意见等。

安全生产规章制度是企业贯彻国家有关安全生产法律法规、国家和行业标准，以及安全生产方针、政策的行动指南，是企业有效防范生产、经营过程中的安全风险，保障从业人员安全健康、财产安全、公共安全，加强安全管理的重要措施。

40. 安全生产规章制度的种类有哪些？

安全生产规章制度一般可以分为 4 类，即综合安全管理制度、人员安全管理制度、设备设施安全管理制度、环境安全管理制度。

（1）综合安全管理制度。该类制度包括安全生产管理目标、指标和总体原则，安全生产责任制，安全管理定期例行工作制度，安全设施和费用管理制度，危险物品使用管理制度，重大危险源管理制度，消防安全管理制度，隐患排查和治理制度，事故调查、报告、处理制度，应急管理制度，安全奖惩制度，承包与发包工程安全管理制度，交通安全管理制度，防灾减灾管理制度等。

（2）人员安全管理制度。该类制度包括安全教育培训制度，劳

动防护用品发放、使用和管理制度,安全工器具的使用和管理制度,特种作业及特殊作业管理制度、岗位安全规范、职业健康检查制度、现场作业安全管理制度等。

(3)设备设施安全管理制度。该类制度包括"三同时"制度、定期巡视检查制度、定期维护检修制度、定期检测、检验制度、安全操作规程等。

(4)环境安全管理制度。该类制度包括安全标志管理制度、作业环境管理制度、职业卫生管理制度等。

41. 什么是安全操作规程?

安全操作规程是操作人员在操作机器设备、调整仪器仪表和其他作业过程中,必须遵守的程序和注意事项。安全操作规程规定操作过程中操作人员应该做什么、不该做什么、设施或者环境应该处于什么状态,是操作人员安全操作的行为规范。

安全操作规程是为了保障安全生产而制定的。企业应根据生产性质、技术设备的特点和技术要求,结合实际给各工种操作人员制定安全操作规程。它是企业实行安全生产的一种基本制度,也是对操作人员进行安全教育的主要依据。

42. 安全操作规程包括哪些内容?

(1)操作前的准备,包括操作前做哪些检查,设施和环境应当处于什么状态,应做哪些调整,准备哪些工具等。

(2)劳动防护用品的穿戴要求,包括应该和禁止穿戴的劳动防护用品种类以及如何穿戴等。

(3)操作的先后顺序、方式。

（4）操作过程中机器设备的状态，如手柄、开关所处的位置等。

（5）操作过程需要进行的测试和调整，如何进行。

（6）操作人员所处的位置和操作时的规范姿势。

（7）操作过程中必须禁止的行为。

（8）一些特殊要求。

（9）异常情况如何处理。

（10）其他要求。

三、安全生产标准化

43. 为什么要加强安全生产标准化建设？

安全生产标准化是指通过建立安全生产责任制，制定安全生产规章制度和操作规程，排查治理隐患和监控重大危险源，建立预防机制，规范生产行为，使各生产环节符合有关安全生产法律、法规、规章、标准、规程的要求，使人、机、物、环境处于良好的生产状态，并持续改进，不断加强企业安全生产规范化建设。安全生产标准化建设是指采用科学的方法和手段，使人、机、物、环境达到最佳统一，从而最大限度地防止和减少伤亡事故。

加强安全生产标准化建设，对保障从业人员生命财产安全有着重要意义，具体体现在以下几个方面。

（1）加强安全生产标准化建设是落实企业安全生产主体责任的重要途径。企业是安全生产的责任主体，也是安全生产标准化建设的主体，应通过加强企业每个岗位和环节的安全生产标准化建设，不断提高安全管理水平，促进企业安全生产主体责任落实到位。

（2）加强安全生产标准化建设是强化企业安全生产基础工作的长效机制。安全生产标准化建设涵盖了增强人员安全素质、提高装备设施水平、改善作业环境、强化岗位责任落实等各个方面，是一项长期的、基础性的系统工程，有利于促进企业全面提高安全生产保障水平。

（3）加强安全生产标准化建设是政府实施安全生产分类指导、分级监管的重要依据。实施安全生产标准化建设考评，将企业划分为不同等级，能够客观真实地反映出各地区企业安全生产状况和不同安全生产水平企业的数量，为加强安全监管提供有效的基础数据。

（4）加强安全生产标准化建设是有效防范事故发生的重要手段。深入开展安全生产标准化建设，能够进一步规范从业人员的安全行为，提高机械化和信息化水平，促进现场各类隐患的排查治理，有效防范和遏制事故发生。

（5）加强安全生产标准化建设是维护从业人员合法权益的重要体现。安全生产的目的就是保护从业人员在生产中的安全和健康，促进经济建设。安全生产标准化是企业安全生产工作的基础，能改善企业的安全生产条件，提高安全生产水平，保障从业人员的合法权益。

44. 安全生产标准化建设的主要内容有哪些？

根据《企业安全生产标准化基本规范》（GB/T 33000—2016），安全生产标准化建设的主要内容包括8个一级要素和28个二级要素，具体如下：

（1）目标职责，包括目标、机构和职责、全员参与、安全生产投入、安全文化建设、安全生产信息化建设6个要素；

（2）制度化管理，包括法规标准识别、规章制度、操作规程、文档管理4个要素；

（3）教育培训，包括教育培训管理和人员教育培训2个要素；

（4）现场管理，包括设备设施管理、作业安全、职业健康、警示标志4个要素；

（5）安全风险管控及隐患排查治理，包括安全风险管理、重大危险源辨识与管理、隐患排查治理、预测预警4个要素；

（6）应急管理，包括应急准备、应急处置、应急评估3个要素；

（7）事故管理，包括报告、调查和处理、管理3个要素；

（8）持续改进，包括绩效评定、绩效改进2个要素。

45. 企业安全生产标准化建设的流程是什么？

企业安全生产标准化工作采用"策划、实施、检查、改进"动态循环的模式，依据《企业安全生产标准化基本规范》（GB/T 33000—2016）的要求，结合自身特点，建立并保持安全生产标准化管理体系。通过自我检查、自我纠正和自我完善，建立安全绩效持续改进的安全生产长效机制。

企业安全生产标准化建设流程如下。

（1）策划准备及制定目标。策划准备阶段首先要成立领导小组，由企业主要负责人担任领导小组组长；再成立执行小组，负责安全生产标准化建设过程中的具体问题。制定安全生产标准化建设目标，并根据目标来制定推进方案。

（2）教育培训。安全生产标准化建设需要全员参与，应对企业领导层、部门管理人员和其他从业人员进行教育培训。同时，要加大安全生产标准化工作的宣传力度，加强全员参与度。

（3）现状梳理。对照相应专业评定标准（或评分细则），摸清各单位存在的问题和缺陷。对发现的问题，定责任部门、定措施、定时间、定资金，及时进行整改并验证整改效果。

（4）管理文件制修订。企业要对照评定标准，结合现状摸底所发现的问题，提出有关文件的制修订计划，并严格执行。

（5）实施运行及整改。根据制修订后的安全管理文件，企业要在日常工作中进行实际运行。根据运行情况，将发现的问题及时进行整改及完善。

（6）企业自评。企业在安全生产标准化管理体系运行一段时间后，开展自评工作，对自评中发现的问题进行整改。

（7）评审申请。企业完成自评工作后，向相应的评审组织单位或有关部门递交评审申请。

（8）外部评审。企业应接受并积极配合外部评审单位的正式评审，对评审报告中列举的全部问题及时进行整改。

四、安全生产教育培训

46. 对企业其他从业人员的安全生产教育培训有什么要求？

企业其他从业人员是指除主要负责人、安全生产管理人员以外，企业从事生产经营活动的所有人员，包括其他负责人、其他管理人员、技术人员和各岗位的工人、被派遣劳动者以及临时聘用的人员。由于特种作业人员作业岗位对安全生产影响较大，特种作业人员需要经过特殊培训和考核，所以针对特种作业人员制定了特殊要求，但对其他从业人员的安全生产教育培训、考核要求，同样适用于特种作业人员。

企业要确立终身教育的观念和全员培训的目标，对在岗的从业人员应进行经常性的安全生产教育培训。

企业新上岗的从业人员，岗前安全培训时间不得少于24学时。煤矿、非煤矿山、危险化学品、烟花爆竹、金属冶炼等企业新上岗的从业人员安全培训时间不得少于72学时，每年再培训的时间不得少于20学时。

从业人员在本企业内调整工作岗位或离岗一年以上重新上岗时，应当重新接受车间（工段、区、队）和班组级的安全培训。

企业采用新工艺、新技术、新材料或者使用新设备时，必须了解、掌握其安全技术特性，采取有效的安全防护措施，并对有关从业人员重新进行有针对性的安全培训。

企业应当建立安全生产教育和培训档案，如实记录安全生产教育和培训的时间、内容、参加人员以及考核结果等情况。

◎**法律知识**

《安全生产法》第二十八条规定，生产经营单位应当对从业人员进行安全生产教育和培训，保证从业人员具备必要的安全生产知识，熟悉有关的安全生产规章制度和安全操作规程，掌握本岗位的安全操作技能，了解事故应急处理措施，知悉自身在安全生产方面的权利和义务。未经安全生产教育和培训合格的从业人员，不得上岗作业。

生产经营单位使用被派遣劳动者的，应当将被派遣劳动者纳入本单位从业人员统一管理，对被派遣劳动者进行岗位安全操作规程和安全操作技能的教育和培训。劳务派遣单位应当对被派遣劳动者进行必要的安全生产教育和培训。

生产经营单位接收中等职业学校、高等学校学生实习的，应当对实习学生进行相应的安全生产教育和培训，提供必要的劳动防护用品。学校应当协助生产经营单位对实习学生进行安全生产教育和培训。

47. 三级安全教育培训包括哪些内容？

加工、制造业等生产单位的其他从业人员，在上岗前必须经过厂（矿）、车间（工段、区、队）、班组三级安全教育培训。

（1）厂（矿）级岗前安全教育培训的主要内容如下：

1）本单位安全生产情况及安全生产基本知识；

2）本单位安全生产规章制度和劳动纪律；

3）从业人员的安全生产权利和义务；

4）有关事故案例。

煤矿、非煤矿山、危险化学品、烟花爆竹、金属冶炼等生产经营单位厂（矿）级安全教育培训除包括上述内容外，应当增加事故应急救援、事故应急预案演练及防范措施等内容。

（2）车间（工段、区、队）级岗前安全教育培训的主要内容如下：

1）工作环境及危险因素；

2）所从事工种可能遭受的职业伤害和伤亡事故；

3）所从事工种的安全职责、操作技能及强制性标准；

4）自救互救、急救方法、疏散和现场紧急情况的处理；

5）安全设备设施、劳动防护用品的使用和维护；

6）本车间（工段、区、队）安全生产状况及规章制度；

7）预防事故和职业病的措施及应注意的安全事项；

8）有关事故案例。

（3）班组级岗前安全教育培训的主要内容如下：

1）岗位安全操作规程；

2）岗位之间工作衔接配合的安全与职业卫生事项；

3）有关事故案例。

48. 岗位安全教育培训的内容有哪些？

岗位安全教育培训主要包括日常安全教育培训、定期安全考试和专题安全教育培训3个方面。

（1）日常安全教育培训，主要以车间、班组为单位组织开展，重点是安全操作规程的学习培训、安全生产规章制度的学习培训、作业岗位安全风险辨识培训、事故案例教育等。日常安全教育培训工作形式多样，内容丰富，根据行业或企业的特点而各具特色，通常有班前会、班后会制度及"安全日活动"制度等。在班前会上，在布置当天工作任务的同时，开展作业前安全风险分析，制定预控措施，明确工作的监护人等。在班后会上，对当天作业的安全情况进行总结、分析、点评等。"安全日活动"，即每周必须安排半天的时间统一由班组或车间组织安全学习培训，企业的领导、职能部门的领导及专职安全监督人员深入班组参加活动。

（2）定期安全考试，是指企业定期组织的对安全操作规程、规章制度、事故案例的学习和培训。学习培训的方式较为灵活，但考试统一组织。定期安全考试不合格者应下岗接受培训，考试合格后方可上岗作业。

（3）专题安全教育培训，是指针对某一具体问题进行专门的培训工作。专题安全教育培训工作针对性强，效果比较突出。通常开展的内容有"三新"安全教育培训、法律法规及规章制度培训、事故案例培训等。

1）"三新"安全教育培训是企业实施新工艺、新技术、新设备（新材料）时，组织相关岗位从业人员进行有针对性的安全生产教育培训。

2）法律法规及规章制度培训是指国家颁布有关安全生产法律、法规，或企业制定新的安全生产规章制度后，组织开展的培训活动。

3）事故案例培训是指在企业发生生产安全事故或获得与本企业生产经营活动相关的事故案例信息后，开展的安全教育培训活动。

49. 特种作业人员为什么必须持证上岗？

直接从事特种作业的人员称为特种作业人员。特种作业人员在劳动生产过程中担负着特殊任务，所承担的风险较大，一旦发生事故，便会给企业生产、从业人员生命安全造成较大损失。因此，特种作业人员必须按照国家有关规定，进行专门的安全技术知识教育和安全操作技术训练，并经严格的考核。考核合格并取得特种作业操作证者，方可上岗工作。这是企业安全教育的一项重要制度，是保障安全生产、防止重大伤亡事故发生的重要措施。

特种作业人员的考核包括考试和审核两部分。考试由考核发证机关或其委托的单位负责，审核由考核发证机关负责。特种作业操作资格考试包括安全技术理论考试和实际操作考试两部分。

特种作业操作证每3年复审1次。特种作业人员在特种作业操作证有效期内，连续从事本工种10年以上，严格遵守有关安全生产法律、法规的，经原考核发证机关或者从业所在地考核发证机关同意，特种作业操作证的复审时间可以延长至每6年1次。特种作业操作证申请复审或者延期复审前，特种作业人员应当参加必要的安全培训并考试合格。安全培训时间不少于 8 学时，主要培训法律、法规、标准、事故案例和有关新工艺、新技术、新装备等知识。

◎ 相关知识

根据《特种作业目录》，特种作业的范围分为 11 大类。

（1）电工作业，指对电气设备进行运行、维护、安装、检修、改造、施工、调试等作业（不含电力系统进网作业），含高压电工作业、低压电工作业、防爆电气作业等。

（2）焊接与热切割作业，指运用焊接或者热切割方法对材料进行加工的作业（不含《特种设备安全监察条例》规定的有关作业），含熔化焊接与热切割作业、压力焊作业、钎焊作业。

（3）高处作业，指专门或经常在坠落高度基准面 2 米及以上有可能坠落的高处进行的作业，含登高架设作业、高处安装、维护、拆除作业。

（4）制冷与空调作业，指对大中型制冷与空调设备运行操作、安装与修理的作业。

（5）煤矿安全作业。

（6）金属非金属矿山安全作业。

（7）石油天然气安全作业（含司钻作业）。

（8）冶金（有色）生产安全作业（含煤气作业）。

（9）危险化学品安全作业，指从事危险化工工艺过程操作及化工自动化控制仪表安装、维修、维护的作业。

（10）烟花爆竹安全作业。

（11）应急管理部认定的其他作业。

◎**事故案例**

某住宅楼建筑面积为42 000平方米,共6层,砖混结构。某年4月14日下午,瓦工钟某搭设3楼脚手架。16时10分左右,钟某未系安全带,站在自放的钢模板上操作。该钢模板长约1.4米,宽约0.25米,搭在脚手架两根小横杆上,无任何固定。钢模板中间放置一根活动的短钢管且未加固定。当钟某竖起一根长约6米、重约24千克的钢管立杆与扣件吻合时,由于钢管部分向外伸出,钟某虽用力吻合数次,试图使其准确到位,但未能如愿。因钢管外斜力过大,钟某在钢模板上失去重心,随钢管从8.4米高处一同坠落至地面。坠落时,钟某头面部先着地,安全帽跌落在2米以外的地方。现场人员急送钟某到医院抢救,但钟某终因失血过多,于18时30分死亡。

在本案例中,钟某安全意识淡薄,未经脚手架搭设技能培训,无特种作业操作证违章作业,导致事故发生。

五、危险辨识与安全风险管控

50. 危险和有害因素辨识的方法有哪些?

危险和有害因素辨识的常用方法包括直观经验分析法和系统安全分析法。

(1) 直观经验分析法。直观经验分析法适用于有可供参考先例、以往经验可以借鉴的系统,不能应用于没有可供参考先例的新开发系统。直观经验分析法又分为以下2种。

1）对照、经验法。对照、经验法是对照有关法规、标准、检查表或依靠分析人员的观察分析能力，借助经验和判断能力对评价对象的危险和有害因素进行分析的方法。

2）类比方法。类比方法是利用相同或相似工程系统或作业条件的经验和劳动安全卫生的统计资料，来类推、分析评价对象的危险和有害因素。

（2）系统安全分析法。系统安全分析法是应用某些安全评价方法辨识危险和有害因素，常用于复杂且没有事故经验的新开发系统。常用的系统安全分析法有预先危险性分析、事故树分析等。

51. 危险和有害因素辨识的内容包括哪些？

在对危险和有害因素进行辨识时，要全面、有序地进行，防止出现漏项，宜从厂址、总平面布置、道路运输、建（构）筑物、生产工艺、主要设备装置、作业环境、安全管理措施8方面进行。

（1）厂址。从厂址的工程地质、地形地貌、水文、气象条件、周围环境、交通运输条件及自然灾害、消防支持等方面进行分析、识别。

（2）总平面布置。从功能分区、防火间距和安全间距、风向、建筑物朝向、危险和有害物质设施、动力设施（氧气站、乙炔气站、压缩空气站、锅炉房、液化石油气站等）、道路、储运设施等方面进行分析、识别。

（3）道路运输。从运输、装卸、消防、疏散、人流、物流、平面交叉运输和竖向交叉运输等方面进行分析、识别。

（4）建（构）筑物。从厂房的生产火灾危险性分类（库房储存物品的火灾危险性分类）、耐火等级、结构、层数、占地面积、防火间距、安全疏散等方面进行分析、识别。

（5）生产工艺的辨识内容如下：

1）对设计是否合理进行考查，尽可能从根本上消除危险和有害因素。

2）当消除危险和有害因素有困难时，对是否采取了预防性技术措施进行考查。

3）在无法消除危险或危险难以预防的情况下，对是否采取了减少危险、危害的措施进行考查。

4）在无法消除、预防、减弱危险的情况下，对是否将人员与危险和有害因素隔离等进行考查。

5）当操作失误或设备运行达到危险状态时，对是否能通过联锁装置终止危险、危害的发生进行考查。

6）在易发生故障和危险性较大的地方，对是否设置了醒目的安全色、安全标志和声、光警示装置等进行考查。

（6）主要设备装置。对工艺设备，可从高温、低温、高压、腐蚀、振动、关键部位的备用设备、控制、操作、检修以及故障、失误时的紧急异常情况等方面进行识别。对机械设备，可从运动零部件和工件、操作条件、检修作业、误运转和误操作等方面进行识别。对电气设备，可从触电、断电、火灾、爆炸、误运转和误操作、静电、雷电等方面进行识别。另外，还应注意识别高处作业设备、特殊单体设备（如锅炉房、乙炔气站、氧气站）等的危险和有害因素。

（7）作业环境。注意识别存在各种职业危害因素的作业部位。

（8）安全管理措施。可以从安全管理组织机构、安全管理制度、事故应急救援预案、特种作业人员培训、日常安全管理等方面进行识别。

52. 安全风险如何进行分级?

安全风险等级从高到低划分为重大风险、较大风险、一般风险和低风险,分别用红、橙、黄、蓝 4 种颜色标示。

(1) 重大风险,可造成重大人员伤亡或者系统、设备严重损坏。

(2) 较大风险,可造成人员死亡、重伤或者主要系统、设备损坏。

(3) 一般风险,可造成人员伤害或者系统、设备损坏。

(4) 低风险,不会造成人员伤亡和系统、设备损坏。

53. 安全风险管控的要求有哪些?

依据《国务院安委会办公室关于实施遏制重特大事故工作指南构建双重预防机制的意见》(安委办〔2016〕11 号),企业的安全风险管控要求主要包括以下 4 个方面。

(1) 全面开展安全风险辨识。企业应按照有关制度和规范,针对本企业类型和特点,制定科学的安全风险辨识程序和方法,全面开展安全风险辨识工作。企业要组织专家和全体从业人员,采取安全绩效奖惩等有效措施,全方位、全过程辨识生产工艺、设备设施、作业环境、人员行为和管理体系等方面存在的安全风险,做到系统、全面、无遗漏,并持续更新完善。

(2) 科学评定安全风险等级。企业要对辨识出的安全风险进行分类梳理,参照《企业职工伤亡事故分类》(GB 6441—1986),综合考虑起因物、引起事故的诱导性原因、致害物、伤害方式等,确定安全风险类别。对不同类别的安全风险,采用相应的风险评估方法确定安全风险等级。其中,对重大风险,企业应填写清单,汇总造册,按照职责范围报告属地负有安全生产监督管理职责的部门。要依据安全风险类别和等级建立企业安全风险数据库，绘制企业"红、橙、黄、蓝"四色安全风险空间分布图。

（3）有效管控安全风险。企业要根据风险评估的结果，针对安全风险特点，从组织、制度、技术、应急等方面对安全风险进行有效管控。要通过隔离危险源、采取技术手段、实施个体防护、设置监控设施等措施，达到回避、降低和监测风险的目的。要对安全风险分级、分层、分类、分专业进行管理，逐一落实企业、车间、班组和岗位的管控责任，尤其要强化对重大危险源和存在重大风险的生产经营系统、生产区域、岗位的重点管控。企业要高度关注运营状况和危险源变化后的风险状况，动态评估、调整风险等级和管控措施，确保安全风险始终处于受控范围内。

（4）实施安全风险公告警示。企业要建立完善安全风险公告制度，并加强风险教育和技能培训，确保管理层和每名从业人员都掌握安全风险的基本情况及防范、应急措施。要在醒目位置和重点区域分别设置安全风险公告栏，制作岗位安全风险告知卡，标明主要安全风险、可能引发事故的隐患类别、事故后果、管控措施、应急措施及报告方式等内容。对存在重大风险的工作场所和岗位，要设置明显的警示标志，并强化危险源监测和预警。

◎**事故案例**

某年 4 月 15 日，山东省济南市历城区某制药有限公司四车间地下室冷媒系统管道改造过程中，发生重大着火中毒事故，造成 10 人死亡、12 人受伤，直接经济损失 1 867 万元。

事故原因：公司对动火作业风险辨识不认真，风险管控措施不落实；现场施工人员不了解冷媒增效剂的主要成分，对其危险特性及存在的安全风险认识不够。在四车间地下室管道改造作业过程中，现场施工人员违规动火作业，引燃现场堆放的冷媒增效剂，瞬间发生爆燃，放出大量氮氧化物等有毒气体，造成现场施工和监护人员中毒、窒息死亡。同时，公司主体责任落实不到位，对改造项目管理不严，对外包施工队伍管理缺失，施工承包商对施工人员的教育培训不到位，现场施工人员严重违章，事故应急处置能力严重不足。

六、安全生产检查与隐患排查治理

54. 安全生产检查有哪些类型？

安全生产检查是企业安全生产的一项基本制度，是企业安全管理的重要内容之一，是消除隐患、防止事故发生、改善劳动条件的重要手段。

安全生产检查通常可分为以下 6 种类型。

（1）定期安全生产检查。定期安全生产检查一般通过有计划、有组织、有目的的形式实现，由企业统一组织实施，如月度检查、季度检查、年度检查等。

（2）经常性（日常）安全生产检查。经常性安全生产检查是由企业安全管理部门、车间、班组或岗位组织进行的日常检查。一般来讲，经常性安全生产检查包括交接班检查、班中检查、特殊检查等几种形式。

（3）季节性及节假日前后安全生产检查。季节性安全生产检查由企业统一组织，检查内容和范围根据季节变化，如冬季检查防冻保温、防火、防煤气中毒，夏季检查防暑降温、防汛、防雷电等。由于节假日（特别是重大节日，如元旦、春节、劳动节、国庆节）前后容易发生事故，因而应在节假日前后进行有针对性的安全生产检查。

（4）专业（项）安全生产检查。专业（项）安全生产检查是对某个专业（项）问题或施工（生产）中存在的普遍性安全问题进行的单项定性或定量检查，如对危险性较大的在用设备设施、作业场所环境条件的管理性或监督性定量检测检验等。

（5）综合性安全生产检查。综合性安全生产检查一般是由上级主管部门组织对企业进行的安全生产检查，具有检查内容全面、检查范围广等特点。

（6）职工代表不定期安全巡查。企业的工会应定期或不定期组织职工代表进行安全生产检查，重点检查国家安全生产方针、法规的贯彻执行情况，全员安全生产责任制和规章制度的落实情况，生产现场的安全状况等。

55. 安全生产检查的内容有哪些？

安全生产检查的内容包括软件系统和硬件系统。软件系统主要查思想，查意识，查制度，查管理，查事故处理，查隐患，查整改。硬件系统主要查生产设备，查辅助设施，查安全设施，查作业环境。

安全生产检查一般包括以下项目。

（1）对于连续生产的企业，重点检查交接班制度执行情况。

（2）危险施工现场应确保配备安全监护人，并要认真履行职责，保留完整的安全监护记录。所使用的设备、设施、工具、用具、仪表、仪器、容器等都应有专人保管，有安全检查责任牌，按时进行检查。

（3）所有设备、设施、工具、用具必须完好齐全；防护、保险、信号、仪表、报警等安全装置完好齐全、准确有效；所有场地的油、气、水管线及闸门无跑、冒、滴、漏现象；消防设施、器材、工具按要求配备，保管完好，定期进行检验和维修，实行挂牌责任制。

（4）应设置安全标志的地方，按标准设置且标志完好清晰；电气、电路安装正确、完好；应使用防爆电气设备的地方，按要求使用；应安装防静电装置的地方，按要求正确安装。

（5）生产场地平整、清洁，无危险建筑及设施；生产的成品、半成品，所用的材料、原料，使用的用具、工具等，堆放、摆放符合安全要求；无生产中不需使用的易燃易爆及危险物品，如需要使用应有安全规定及防护措施；光线、照明符合国家标准；应安装安全防护设施的地方，按标准进行安装。

（6）禁烟火的生产场所，无火源及烟蒂、火柴棒；动火作业按要求办理动火作业许可证，并制定严格的防护措施；生产场所无生产中不许使用的电炉、煤（汽、柴）油炉和液化气炉，经过批准使用的要有安全规定，并按规定执行。

56. 安全生产检查的方法有哪些？

（1）常规检查法。常规检查法是一种常见的检查方法，通常由安全管理人员作为检查工作的主体，到作业现场，通过感观或辅助一定的简单工具、仪表等，对作业人员的行为、作业场所的环境条件、生产设备设施等进行定性检查。安全生产检查人员通过常规检查，可及时发现现场存在的事故隐患并采取措施予以消除，纠正人员的不安全行为。

（2）安全检查表法。为使安全检查工作更加规范，尽量减小个人行为对检查结果的影响，常采用安全检查表法。

（3）仪器检查及数据分析法。有些企业对设备、系统的运行数据进行在线监视和记录，通过运行数据的变化趋势分析得出设备、系统的运行状况。对没有运行数据在线监视和记录功能的设备、系统，只能通过仪器检查法来进行定量化的检验与测量。

◎ **事故案例**

某煤矿岩石段一名副班长从事装岩机司机工种已5年。某日，他在井下操作一台0.2米^{3}铲斗电动装岩机时，机器落道，机身突然与底盘掉向，底盘拧向巷道左侧，机身甩向巷道右侧并向他扑来。因躲闪不及，他被挤在巷帮上，虽被迅速救出，但因胸腹被挤、肝脏破裂、大量出血，最终死亡。

在本案例中，设备管理和维修不到位是事故发生的直接原因。该矿《煤矿安全生产操作规程》明文规定，"铲斗装岩机司机负责机器的日常维护工作，接班后需试车检查，发现问题及时处理"，作业中"检修工有协助司机对设备进行检查维护的责任"。但这台机器自投入运行以来的管理情况是司机上岗后未对该机进行检查和维护，当班检修工在该机使用前仅进行启动性能检查，未进行全面检查，该机调试中损坏的操作把手和电钮等均未修复即使用。

57. 事故隐患排查治理的要求有哪些？

《安全生产事故隐患排查治理暂行规定》第四条明确规定，生产经营单位应当建立健全事故隐患排查治理制度。生产经营单位主要负责人对本单位事故隐患排查治理工作全面负责。

事故隐患排查治理的要求主要如下。

（1）企业应当建立健全事故隐患排查治理和建档监控等制度，逐级建立并落实从主要负责人到每位从业人员的隐患排查治理和监控责任制。

（2）企业应当定期组织安全管理人员、工程技术人员和其他相关人员排查本企业的事故隐患。对排查出的事故隐患，应当按照事故隐患的等级进行登记，建立事故隐患信息档案，并按照职责分工实施监控和治理。

（3）企业应当建立事故隐患报告和举报奖励制度，鼓励、发动从业人员发现和排除事故隐患，鼓励社会公众举报。对发现、排除和举报事故隐患的有功人员，应当给予物质奖励和表彰。

（4）对于一般事故隐患，由企业（车间、分厂、区队等）负责人或者有关人员立即组织整改。对于重大事故隐患，由企业主要负责人组织制定并实施事故隐患治理方案。

（5）企业在事故隐患治理过程中，应当采取相应的安全防范措施，防止事故发生。事故隐患排除前或者排除过程中无法保障安全的，应当从危险区域内撤出作业人员，并疏散可能危及的其他人员，设置警戒标志，暂时停产停业或者停止使用；对暂时难以停产或者停止使用的相关生产和储存装置、设施、设备，应当加强维护和保养，防止事故发生。

58. 事故隐患治理的程序是什么？

（1）下发隐患治理通知书。按照隐患排查和治理制度，对检查出问题和隐患的企业下发隐患治理通知书。

（2）制定隐患治理方案。对重大事故隐患，要进行调研，由企业主要负责人组织制定治理方案，做到责任、措施、资金、时限和预案"五落实"。

（3）实施隐患治理。负责隐患治理的相关部门要本着"四不推"原则（班组不推给车间，车间不推给分厂、分厂不推给总厂、总厂不推给上级主管部门）及时、保质保量地完成隐患治理任务，落实治理措施。

（4）隐患治理的评估。职能部门要及时复查验收隐患治理情况，对隐患治理的措施落实情况进行评估。

七、生产现场安全管理

59. 班前会、班后会的主要内容有哪些？

班前会、班后会是班组实施工作任务前后进行的生产组织活动形式，是保障安全生产的有效措施之一。

（1）班前会的主要内容如下：

1）检查班组成员出勤情况；

2）检查班组成员仪表着装，确保穿戴好劳动防护用品；

3）传达厂、车间和主管部门的工作指令；

4）安排当班工作；

5）进行当班工作的危险点分析；

6）布置安全措施；

7）交代工作中的安全注意事项；

8）听取班组成员的问题反映和合理化建议。

（2）班后会的主要内容如下：

1）总结当班工作任务完成情况；

2）安排班后及次日工作；

3）表彰当班表现优秀人员，批评当班表现欠佳人员；

4）听取班组成员的问题反映和合理化建议；

5）做好当班工作记录。

60. 从业人员常出现哪些不安全行为？

一般来说，凡是能够或可能导致事故发生的人为失误均属于不安全行为。《企业职工伤亡事故分类》（GB 6441—1986）中规定的13大类不安全行为如下。

（1）未经许可开动、关停、移动机器；开动、关停机器时未给信号；开关未锁紧；忘记关闭设备；忽视警告标志、警告信号；按钮、阀门、扳手、把柄等操作错误；奔跑作业；供料或送料速度过快；机器超速运转；违章驾驶机动车；酒后作业；人货混载；冲压机作业时，手伸进冲压模；工件紧固不牢；用压缩空气吹铁屑。

（2）安全装置被拆除、堵塞，造成安全装置失效。

（3）临时使用不牢固的设施或使用无安全装置的设备等。

（4）用手代替手动工具，用手清除切屑，不用夹具固定而直接用手拿工件进行机加工。

（5）成品、半成品、材料、工具、切屑和生产用品等存放不当。

（6）冒险进入危险场所。

（7）攀、坐不安全位置。

（8）在起吊物下作业、停留。

（9）机器运转时从事加油、修理、检查、调整、焊接、清扫等工作。

(10) 有分散注意力的行为。

(11) 在必须使用劳动防护用品的作业或场合中，未按规定使用。

(12) 穿肥大服装在有旋转零部件的设备旁作业，戴手套操纵带有旋转零部件的设备。

(13) 对易燃易爆等危险物品处理错误。

◎事故案例

某日，某碱厂配料工发现6号上料卷扬机蹲底。值班班长孙某通知配料巡检工钟某处理。钟某到6号上料卷扬机后，发现吊石斗过顶。在未断电的情况下，钟某调整保护光电开关，导致卷扬机自动反转开启，他的手套被缠进伞形齿轮，进而右手被带进去，右手小拇指被挤掉一截，无名指被挤断，造成重伤。经查，事发之前该车间的操作工曾多次在没有断电的情况下进行过类似的调试。毫无疑问，这是一起由习惯性违章造成的事故。

这起事故给人们的教训是，企业应设置有效的安全防护设施，提高设备的本质安全水平，同时，加强安全教育培训，增强从业人员的安全意识，杜绝不安全行为。

61. 从业人员常出现哪些不安全心理状态？

根据大量的事故案例分析，影响从业人员安全生产的最常见心理状态主要有以下几种。

(1) 自我表现心理，如"虽然我进厂时间短，但我年轻、聪明，干这活儿不在话下"。

(2) 经验心理，如"多少年一直是这样干的，干了多少遍了，能有什么问题"。

（3）侥幸心理，如"完全照操作规程做太麻烦了，变通一下也不一定会出事吧"。

（4）从众心理，如"他们都没戴安全帽，我也不戴了"。

（5）逆反心理，如"凭什么听班长的呀，今儿我就这么干，我就不信会出事"。

（6）反常心理，如"早上孩子肚子疼，自己去了医院，也不知道是什么病，真担心"。

◎ **事故案例**

某年8月，某公司锅炉停炉6天后，在没有进行气体分析的情况下，锅炉维修工便进入锅炉进行维修作业。间断工作30分钟后，该维修工感觉不适，遂向外走。刚走出锅炉，他就全身冒汗，双手痉挛，遂被送进医院。由于抢救比较及时，最终保住了生命。此次事故的原因是锅炉停炉后，煤粉仓剩余的煤粉发生了自燃，燃烧不完全产生了一定浓度的一氧化碳，维修工进入锅炉时没有进行气体分析，导致一氧化碳中毒事故发生。

这起事故的发生与维修工存在侥幸麻痹心理有直接关系。维修工进入锅炉前为什么不进行气体分析呢？因为以前从来没有进行过分析，都是在停炉几天后进行维修，都没有发生事故，因此这是一起习惯性违章事故。

62. 什么是"四不伤害"和"三违"行为？

"四不伤害"是指"不伤害他人，不伤害自己，不被他人伤害，保护他人不受伤害"。开展"四不伤害"活动的核心和目的就是强化从业人员的自我保护意识，提高从业人员的自我保护能力。

"三违"行为是指"违章指挥、违章作业、违反劳动纪律"。据统计，70%以上的事故都是"三违"行为造成的。所以，必须杜绝"三违"行为，以减少和预防事故，保障从业人员的合法权益和生命安全。

◎ **事故案例**

某日，荆州市某单位特种工程处一名有着29年工龄的搅拌工黄某上班后，在未通知他人的情况下进入搅拌机滚筒内检修松动的搅拌叶片。此时，技术负责人张某打算清理搅拌机料斗下的沙石杂物，便走上工作台打算启动料斗开关提升料斗。谁知张某错按了搅拌叶片转动开关，使得搅拌叶片转动，造成正在检修的黄某骨盆粉碎性骨折、肝、脾破裂，最终不治身亡。

这是一起因严重违章操作造成的生产安全责任事故。责任者张某违反了持证上岗制度和启动电气设备前必须检查确认的安全操作规定，并且盲目操作、错按开关，直接导致黄某死亡。搅拌工黄某未执行"进入滚筒前，外面应有人监护"的搅拌机安全操作规定，检修前也没采取任何防范措施，如切断电源，悬挂"正在检修，禁止启动"的警告标志，致使自己受到伤害。

63. 什么是安全色和安全标志？

《安全色》（GB 2893—2008）规定，红、黄、蓝、绿4种颜色为安全色。红色表示禁止、停止，蓝色表示指令及必须遵守的规定，黄色表示警告、注意，绿色表示安全、提示。

安全标志是由安全色、几何图形和图形符号构成的，用来表达特定安全信息的标记，分为禁止标志、警告标志、指令标志和提示标志4类。

禁止标志的含义是禁止人们的不安全行为。例如：

禁止吸烟　　　　　禁止跨越　　　　　禁止饮用

警告标志的含义是提醒人们对周围环境引起注意，以避免可能发生的危险。例如：

注意安全　　　　　当心火灾　　　　　当心触电

指令标志的含义是强制人们必须做出某种动作或采取防范措施。例如：

必须戴防尘口罩　　必须戴安全帽　　　必须系安全带

提示标志的含义是向人们提供某种信息，如标明安全设施或场所等。例如：

紧急出口

可动火区

避险处

◎相关知识

安全标志一般设在醒目的地方，人们看到后有足够的时间来注意它所表示的内容。不能将安全标志设在门、窗、架子等可移动的物体上，因为这些物体位置移动后安全标志就起不到作用了。

64. 生产现场安全管理方法有哪些？

（1）PDCA管理。PDCA是指计划（plan）、实施（do）、检查（check）、处理（act）4个管理阶段构成的循环，称为PDCA循环，也称为管理环。在实施PDCA循环过程中，如果发现新的问题，则通过第二次、第三次循环不断改进，这样每次循环都可以将安全管理活动向前推进一步。

（2）"五自"管理。"五自"管理是指职工自律、班组自理、车间自治、科室自控、厂级自主，其特点是分级管理、自下而上、自上而下、同级协同、纵向闭合、横向耦合。

（3）"6S"管理。"6S"即整理、整顿、清扫、清洁、素养、安全，因前5个内容的日文罗马标注发音和后一项内容（安全）的英文单词都以"S"开头，所以简称"6S"。

（4）定置管理。定置管理是企业在生产过程中研究人、物、场所三者关系的一种科学的管理方法。它通过对生产现场进行分析和作业动作研究，科学地放置现场物品，达到现场中人、物、场所规范化、程序化、高效化的目的。

（5）目视化管理。目视化管理也可称为看得见的管理，或一目了然的管理。目视化管理就是通过设置安全色、标签、标牌等方式，明确人员的资质和身份、工器具和设备设施的使用状态，以及生产作业区域危险状态的一种现场安全管理方法。

八、劳动防护用品管理

65. 劳动防护用品有什么作用？

劳动防护用品是指由用人单位为从业人员配备的，使其在劳动过程中免遭或者减轻事故伤害及职业病危害的个体防护装备。劳动防护用品供从业人员个人随身使用，是保护从业人员不受事故伤害和职业病危害的最后一道防线。当劳动安全卫生技术措施尚不能消除生产劳动过程中的危险和有害因素，尚达不到国家标准、行业标准及有关规定，也暂时无法进行技术改造时，使用劳动防护用品就成为既能完成生产劳动任务，又能保障从业人员安全与健康的有效手段。

劳动防护用品的主要作用如下。

（1）隔离和屏蔽作用。隔离和屏蔽作用是指使用一定的隔离或屏蔽体使机体免受有害因素的侵害。例如，劳动防护用品能很好地隔绝外界的某些刺激，避免皮肤发生皮炎等病态反应。

（2）过滤和吸附（收）作用。过滤和吸附（收）作用是指借助劳动防护用品中某些聚合物本身的活性基团对毒物的吸附作用来清洁空气。例如，利用活性炭等多孔物质的吸附作用进行排毒。

66. 劳动防护用品有哪些种类？

劳动防护用品的种类很多，可以分为10大类。

（1）头部防护用品，主要有一般防护帽、防尘帽、防水帽、防寒帽、安全帽、防静电帽、防高温帽、防电磁辐射帽、防昆虫帽等。

（2）呼吸器官防护用品，按防护功能主要分为防尘口罩和防毒口罩（面罩），按防护形式又可分为过滤式和隔离式两类。

（3）眼面部防护用品，主要有防尘、防水、防冲击、防高温、防电磁辐射、防射线、防化学飞溅、防风沙、防强光等防护用品。

（4）听觉器官防护用品，主要有耳塞、耳罩和防噪声头盔。

（5）手部防护用品，主要有一般防护手套、防水手套、防寒手套、防毒手套、防静电手套、防高温手套、防X射线手套、防酸碱手套、防油手套、防振手套、防切割手套、绝缘手套等。

（6）足部防护用品，主要有防尘鞋、防水鞋、防寒鞋、防静电鞋、防酸碱鞋、防油鞋、防烫脚鞋、防滑鞋、防刺穿鞋、电绝缘鞋、防振鞋等。

（7）躯干防护用品，主要有一般防护服、防水服、防寒服、防砸背心、防毒服、阻燃服、防静电服、防高温服、防电磁辐射服、耐酸碱服、防油服、水上救生衣、防昆虫服、防风沙服等。

（8）护肤用品，主要有防毒、防腐、防射线、防油漆等不同功能的护肤用品。

（9）坠落防护用品，主要有安全带、安全绳等。

（10）其他劳动防护用品。

67. 劳动防护用品的配备要求有哪些？

（1）劳动防护用品由用人单位提供，用人单位不得以劳动防护用品替代工程防护设施和其他技术、管理措施。

（2）用人单位应当安排专项经费用于配备劳动防护用品，不得以货币或者其他物品替代。

（3）用人单位应当为从业人员提供符合国家标准或者行业标准的劳动防护用品。使用进口的劳动防护用品，其防护性能不得低于我国相关标准。

（4）用人单位使用的劳务派遣工、临时聘用人员、接纳的实习学生应当纳入本单位人员统一管理，并配备相应的劳动防护用品。对处于作业地点的其他外来人员，必须按照与进行作业的从业人员相同的标准，正确佩戴和使用劳动防护用品。

（5）用人单位应当根据从业人员工作场所中存在的危险和有害因素种类及危害程度、劳动环境条件、劳动防护用品有效使用时间制定适合本单位的劳动防护用品配备标准。

（6）用人单位应当按照发放周期定期发放劳动防护用品，对工作过程中损坏的劳动防护用品，用人单位应及时更换。

（7）安全帽、呼吸器、绝缘手套等安全性能要求高、易损耗的劳动防护用品，应当按照有效防护功能最低指标和有效使用期，到期强制报废。

68. 使用劳动防护用品应注意哪些事项？

（1）应针对防护目的正确选择符合要求的劳动防护用品，绝不能选错或将就使用，以免发生事故。

（2）对使用劳动防护用品的人员应进行教育和培训，使其充分了解使用目的和意义，并正确使用。对于结构和使用方法较为复杂的劳动防护用品，如呼吸器，应进行反复训练，使人员能熟练使用。用于紧急救护的呼吸器，要定期严格检验，并妥善存放在可能发生事故的地点附近，以方便取用。

（3）要善于维护和保养劳动防护用品，这样不但能延长其使用期限，更重要的是能保障劳动防护用品的防护效果。例如，耳塞、口罩、面罩等用后应用肥皂、清水洗净，并用药液消毒、晾干。要定期更换过滤式呼吸防护器的滤料，以防失效。防止皮肤受污染的防护服用后应集中清洗。

（4）劳动防护用品应由专人管理，负责维护保养，以保证劳动防护用品充分发挥其作用。

◎ **事故案例**

某铁路货运场，3名装卸工卸载危险化学品硫酸。按正常程序，他们先将槽车的上出料管与输送管法兰连接好，对槽内加压。当压力达到要求后硫酸未流出，随后他们放气减压打开槽口大盖进行检查，发现槽内出料管堵塞。于是3人将法兰拆开，将钢管插入出料管进行疏通。出料管被捣通时管内喷出白色泡沫状液体，飞出3米多高，溅到站在槽上的3人身上。由于3人均没戴防护面罩，当时3人眼前一片漆黑，眼睛疼痛难忍，用水清洗后被送往医院，检查为碱伤害（槽车盛装硫酸之前用于盛装液碱）。经半年多的治疗，3人视力均低于4.3（0.2），且泪腺受损。

69. 如何正确佩戴安全帽？

（1）首先检查安全帽的外壳是否破损（如有破损，其分解和削弱外来冲击力的性能就已减弱或丧失，不可再用），有无合格帽衬（帽衬的作用是吸收和缓解冲击力，若无帽衬，则丧失了保护头部的功能），帽带是否完好。

（2）调整好帽衬顶端与帽壳内顶的间距（4~5厘米），调整好帽箍。

（3）安全帽必须戴正。如果戴歪了，一旦受到打击，就起不到减轻对头部冲击的作用。

（4）必须系紧下颏带，戴好安全帽。如果不系紧下颏带，一旦发生物体坠落打击事故，安全帽就容易掉下来，从而导致严重后果。

（5）现场作业中，切记不得将安全帽脱下搁置一旁，或当坐垫使用。

（6）由于安全帽在使用过程中会逐渐损坏，所以要定期进行检查。仔细查看有无龟裂、下凹、裂痕和磨损等情况，如果发现安全帽不符合质量要求，必须更换。

◎ **事故案例**

某世纪广场工程，工人在井内作业，同时有建筑施工单位交叉作业。塔吊在运送方砖时，从吊篮中掉出一块方砖并掉入井内，砖的一角正击中井内作业工人的后脑部，导致工人受伤。

在本案例中，工人安全意识淡薄，正值夏季施工，天气炎热，未佩戴安全帽，未能有效防止伤害发生。

70. 使用安全带应注意哪些问题？

安全带是高处作业人员预防坠落伤亡事故的劳动防护用品，由带子、绳子和金属配件组成。安全带应选用符合标准要求的合格产品，在使用时要注意以下几点。

（1）安全带应高挂低用，防止摆动和碰撞。

（2）不得随意拆掉安全带上的各种部件。

（3）安全带使用两年以后，使用单位应按购进批量的大小，选择一定比例的数量进行一次抽检。用80千克的沙袋做自由落体试验，若安全带未破断，可继续使用，但抽检的样带应更换新的挂绳才能使用；若试验不合格，购进的这批安全带就应报废。

（4）安全带外观有破损或发现异味时，应立即更换。

（5）安全带使用3~5年应报废。

九、工伤保险管理

71. 如何认定工伤？

工伤保险是指职工在工作中或在规定的特殊情况下，遭受意外伤害或患职业病导致暂时或永久丧失劳动能力以及死亡时，职工或其近亲属从国家和社会获得物质帮助的一种社会保险制度。《工伤保险条例》对工伤的认定作出了明确规定。

（1）职工有下列情形之一的，应当认定为工伤：

1）在工作时间和工作场所内，因工作原因受到事故伤害的；

2）工作时间前后在工作场所内，从事与工作有关的预备性或者收尾性工作受到事故伤害的；

3）在工作时间和工作场所内，因履行工作职责受到暴力等意外伤害的；

4）患职业病的；

5）因工外出期间，由于工作原因受到伤害或者发生事故下落不明的；

6）在上下班途中，受到非本人主要责任的交通事故或者城市轨道交通、客运轮渡、火车事故伤害的；

7）法律、行政法规规定应当认定为工伤的其他情形。

（2）职工有下列情形之一的，视同工伤：

1）在工作时间和工作岗位，突发疾病死亡或者在48小时之内经抢救无效死亡的；

2）在抢险救灾等维护国家利益、公共利益活动中受到伤害的；

3）职工原在军队服役，因战、因公负伤致残，已取得革命伤残军人证，到用人单位后旧伤复发的。

（3）职工有下列情形之一的，不得认定为工伤或者视同工伤：

1）故意犯罪的；

2）醉酒或者吸毒的；

3）自残或者自杀的。

◎ 事故案例

吴某原是某公司工人，在整表车间检油表岗位工作。某年2月28日，吴某在上班时，见同车间班组的铆上盖岗位人手紧张，影响到自己岗位的流程操作，遂前去帮忙，在帮忙过程中因操作不当右手被机器压伤致残。当地社会保险行政部门认定吴某为工伤，但公司不服，向法院提起诉讼。

公司认为，事发当天，吴某未经公司和车间管理人员的指派和许可，擅自到铆上盖岗位开机操作导致受伤。因其受伤并非在本职岗位上，又未经公司临时指派，故不符合工伤认定条件。而当地社会保险行政部门认为，吴某在工作时间、工作场所，因工作原因受伤，且不属于排除工伤认定的情形，符合工伤认定条件。

法院经审理认定，吴某虽然不是在本岗位工作时受伤，但协助其他岗位仍然属于工作原因，符合工伤认定的三个基本要素，即在工作时间、工作场所和因工作原因致伤。故法院判决，维持当地社会保险行政部门对吴某的工伤认定决定。

72. 如何申请工伤认定？

职工发生事故伤害或者按照职业病防治法规定被诊断、鉴定为职业病，所在单位应当自事故伤害发生之日或者被诊断、鉴定为职业病之日起30日内，向统筹地区社会保险行政部门提出工伤认定申请。遇有特殊情况，经报社会保险行政部门同意，申请时限可以适当延长。

用人单位未按规定提出工伤认定申请的，工伤职工或者其近亲属、工会组织在事故伤害发生之日或者被诊断、鉴定为职业病之日起1年内，可以直接向用人单位所在地统筹地区社会保险行政部门提出工伤认定申请。

提出工伤认定申请，应当提交工伤认定申请表、与用人单位存在劳动关系（包括事实劳动关系）的证明材料、医疗诊断证明或者职业病诊断证明书（或者职业病诊断鉴定书）等材料。

社会保险行政部门应当自受理工伤认定申请之日起60日内作出工伤认定的决定，并书面通知申请工伤认定的职工或者其近亲属和该职工所在单位。社会保险行政部门对受理的事实清楚、权利义务明确的工伤认定申请，应当在15日内作出工伤认定的决定。

73. 工伤职工可以享受哪些工伤保险待遇？

职工因工作遭受事故伤害或者患职业病进行治疗，享受工伤医疗待遇。职工治疗工伤应当在签订服务协议的医疗机构就医，情况紧急时可以先到就近的医疗机构急救。

治疗工伤所需费用符合工伤保险诊疗项目目录、工伤保险药品目录、工伤保险住院服务标准的，从工伤保险基金支付。职工住院治疗工伤的伙食补助费，以及经医疗机构出具证明，报经办机构同意，工伤职工到统筹地区以外就医所需的交通、食宿费用从工伤保险基金支付，基金支付的具体标准由统筹地区人民政府规定。工伤职工到签订服务协议的医疗机构进行工伤康复的费用，符合规定的，从工伤保险基金支付。

工伤职工因日常生活或者就业需要，经劳动能力鉴定委员会确认，可以安装假肢、矫形器、假眼、假牙和配置轮椅等辅助器具，所需费用按照国家规定的标准从工伤保险基金支付。

职工因工作遭受事故伤害或者患职业病需要暂停工作接受工伤医疗的，在停工留薪期内，原工资福利待遇不变，由所在单位按月支付。停工留薪期一般不超过12个月。工伤职工评定伤残等级后，停发原待遇，按照有关规定享受伤残待遇。工伤职工在停工留薪期满后仍需治疗的，继续享受工伤医疗待遇。

生活不能自理的工伤职工在停工留薪期需要护理的，由所在单位负责。工伤职工已经评定伤残等级并经劳动能力鉴定委员会确认需要生活护理的，从工伤保险基金按月支付生活护理费。

十、企业安全文化

74. 企业安全文化的主要功能有哪些？

企业安全文化是被企业全体从业人员所共享的安全价值观、态度、道德和行为规范的统一体，有如下主要功能。

（1）导向功能。企业安全文化能将企业价值观内化为个人的价值观，将企业目标内化为个人的目标，使个人的价值观、目标、理想与企业的价值观、目标、理想有了高度一致性和同一性。

（2）凝聚功能。当企业安全文化所提出的价值观被企业从业人员内化为个人的价值观和目标后，就会产生一种积极而强大的群体意识，将每位从业人员紧密地联系在一起，进而形成一种强大的凝聚力和向心力。

（3）激励功能。企业安全文化所提出的价值观向从业人员展示了工作的意义，从业人员在理解工作的意义后，会产生更大的工作动力。一方面，企业的宏观理想和目标可激励从业人员奋发向上；另一方面，企业安全文化为从业人员指明了成功的标准与标志，使其有了具体的奋斗目标。

（4）辐射和同化功能。企业安全文化一旦在一定的群体中形成，便会对周围群体产生强大的影响作用，迅速向周边辐射。而且，企业安全文化还会使企业保持稳定的、独特的风格和活力，同化一批又一批新来者，使他们接受这种文化并继续传播，使企业安全文化的生命力得以保持。

75. 班组安全文化建设有哪些主要途径？

（1）推行班组自我管理与全员参与。鼓励班组成员自我管理，鼓励他们积极参与班组安全文化建设，变他律为自律，变他责为自责。例如，班组可以开展安全"群策、群力、群管"活动，以形成人人献计献策、人人遵章守纪、人人参与安全监督管理的工作氛围。

（2）实施班组成员亲情教化。例如，对一般性"三违"的班组成员进行批评教育，当场指正，但不罚款；对"三违"较严重的班组成员进行罚款，事后寻求其家属的帮助，通过其家属对其进行"亲情"教育；对多次"三违"屡教不改者，依法"吊销"其"执照"，对其施以待岗培训。

（3）进行班组培训优化。为了增强班组成员的学习兴趣，培养他们的安全意识，使他们的"要我安全"转化为"我要安全"，可以采取灵活多样的培训、教育方式对不同层次不同工种的班组成员（包括各班组长、技术员、普通工种人员、特种作业人员等）进行培训。

（4）实施系统化、科学化的班组安全管理。为了提高班组成员的整体素质，实现班组的安全生产，班组可以开展班前"三指"活动（指明上一班完成任务情况，指明安全规程和应当注意的问题，指出当班任务与具体要求），实施"六预行为"安全管理模式（预想、预知、预查、预防、预警、预备），推行班组安全动态管理，开展班组风险防范献计献策活动。

（5）举办班组安全文化活动。通过举行安全竞赛活动（如安全技能竞赛、逃生与救援技能竞赛、排查隐患和提出安全合理化建议等），推行班组"安全生产周（月、日）"活动，开展班组安全文艺活动、安全亲情文化活动，以及"安全警示日"活动、"班组安全明星"评选活动等，让班组成员在潜移默化中接受班组安全文化，树立正确的安全意识，提升自身安全素质。

第四部分 事故应急管理与救援知识

一、事故应急管理概述

76. 事故应急管理的过程包括哪些阶段?

应急管理是一个动态循环过程,体现了"预防为主,常备不懈"的应急思想,包括预防、准备、响应和恢复4个阶段。

(1) 预防。一是预防事故发生,实现本质安全;二是减少事故损失。从长远看,低成本、高效率的预防措施是减少事故损失的关键。

(2) 准备。准备是指为有效应对突发事件而事先采取的各种措施的总称,包括应急机构的建立和职责落实、预案的编制、应急队伍的建设、应急设备(施)与物资的准备和维护、预案的演练、与外部应急力量的衔接等。

(3) 响应。响应是在事故发生后立即采取的应急与救援行动,包括事故的报警与通报、人员疏散、急救与医疗、消防和工程抢险措施、外部救援等。及时响应是应急管理的主要原则。

(4) 恢复。恢复工作应在事故发生后立即进行,包括事故损失评估、原因调查、清理废墟等。恢复工作包括短期恢复和长期恢复。

77. 什么是事故应急救援？

事故应急救援是指通过事前计划和应急措施，在事故发生时采取的消除、减少事故危害和防止事故恶化，最大限度降低事故损失的措施。生产过程中一旦发生事故，往往造成惨重的人员伤亡、财产损失和环境破坏。由于自然或人为、技术等原因，当事故或灾害不可能避免的时候，建立事故应急救援体系，采取及时、有效的应急救援行动，就成为抵御事故风险或控制灾害蔓延、降低危害后果的关键甚至是唯一手段。

◎ **法律知识**

《中华人民共和国突发事件应对法》第五十六条规定，受到自然灾害危害或者发生事故灾难、公共卫生事件的单位，应当立即组织本单位应急救援队伍和工作人员营救受害人员，疏散、撤离、安置受到威胁的人员，控制危险源，标明危险区域，封锁危险场所，并采取其他防止危害扩大的必要措施，同时向所在地县级人民政府报告。

突发事件发生地的其他单位应当服从人民政府发布的决定、命令，配合人民政府采取的应急处置措施，做好本单位的应急救援工作，并积极组织人员参加所在地的应急救援和处置工作。

78. 事故应急救援的基本任务是什么？

事故应急救援的总目标是通过有效的应急救援行动，尽可能地减轻事故的后果，包括人员伤亡、财产损失和环境破坏等。其基本任务如下。

（1）立即组织营救受害人员，组织撤离或者采取其他措施保护危险区域内的其他人员。营救受害人员是应急救援的首要任务。在应急救援行动中，快速、有序、有效地实施现场急救与安全转送伤员，是降低伤亡率、减少事故损失的关键。必要时迅速撤离危险区域或可能受到危害的区域。在撤离过程中，应积极组织群众开展自救和互救工作。

（2）迅速控制事态，并对事故造成的危害进行检验、监测，测定事故的危险区域、危害性质及危害程度。

（3）消除危害后果，做好现场恢复。针对事故对人体、动植物、土壤、空气等造成的现实危害和可能危害，迅速采取封闭、隔离、洗消、监测等措施，防止对人的继续危害和对环境的污染。及时清理废墟和恢复基本设施，将事故现场恢复至相对稳定的状态。

（4）查清事故原因，评估危害程度。事故发生后应及时调查事故的发生原因和事故性质，评估事故的危害范围和危害程度，总结救援工作中的经验和教训。

◎ **相关知识**

事故应急救援遵循统一指挥、分级负责、区域为主、单位自救和社会救援相结合的原则。

《安全生产法》第八十二条规定，危险物品的生产、经营、储存单位以及矿山、金属冶炼、城市轨道交通运营、建筑施工单位应当建立应急救援组织；生产经营规模较小的，可以不建立应急救援组织，但应当指定兼职的应急救援人员。危险物品的生产、经营、储存、运输单位以及矿山、金属冶炼、城市轨道交通运营、建筑施工单位应当配备必要的应急救援器材、设备和物资，并进行经常性维护、保养，保证正常运转。

《中华人民共和国突发事件应对法》第二十六条规定，单位应当建立由本单位职工组成的专职或者兼职应急救援队伍。

79. 事故应急响应的级别如何划分？

典型的应急响应级别可分为以下 3 级：

（1）一级响应，是指必须利用所有有关部门及一切资源的紧急情况，或者需要各个部门同外部机构联合处理的各种紧急情况，通常要宣布进入紧急状态；

（2）二级响应，需要两个或更多个部门响应的紧急情况；

（3）三级响应，一个部门正常可利用的资源即可处理的紧急情况。

◎ 事故案例

某年 7 月 29 日 8 时 40 分左右，河南陕县某煤矿东风井因暴雨引发地面洪水，经露头铝土矿坑和矿井老巷渗入井下，冲垮三道密闭，导致巷道被淹。矿方立即组织井下人员撤离，33 人及时升井，69 人被困井下。

事故发生后，国家领导人作出重要批示，要求全力、科学施救，严防次生事故发生，确保被困矿工的生命安全。救援指挥部根据现场实际情况，制定了一堵、二排、三通风的科学救援方案。8 月 1 日 12 时 54 分，随着最后一名矿工的安全升井，69 名矿工在井下被困 70 多个小时后全部生还。

二、事故应急预案及其管理

80. 什么是事故应急预案？事故应急预案有什么作用？

事故应急预案是针对可能发生的事故及其影响和后果的严重程

度，为应急准备和应急响应的各个方面所预先作出的详细安排。事故应急预案是事故应急系统的重要组成部分，对于如何在事故现场开展应急工作具有重要的指导意义。

事故应急预案在事故应急系统中起着关键作用，它明确了在突发事故发生之前、发生过程中以及刚刚结束之后，谁负责做什么、何时做，以及相应的策略和资源准备等。

事故应急预案的作用主要如下。

（1）事故应急预案明确了应急救援的范围和体系，便于应急准备和应急管理，尤其利于培训和演习工作的开展。

（2）有利于作出及时的应急响应，降低事故的危害程度。

（3）事故应急预案是各类突发重大事故的应急基础。编制综合应急预案，可以对应急工作起到基本的指导作用。在此基础上，可以针对特定事故类别编制专项应急预案，有针对性地制定一般应急措施，进行专项应急准备和演练。

（4）当发生超过应急能力的重大事故时，便于与上级部门协调。

（5）有利于提高风险防范意识。

◎ **法律知识**

《中华人民共和国突发事件应对法》第二十三条规定，矿山、建筑施工单位和易燃易爆物品、危险化学品、放射性物品等危险物品的生产、经营、储运、使用单位，应当制定具体应急预案，并对生产经营场所、有危险物品的建筑物、构筑物及周边环境开展隐患排查，及时采取措施消除隐患，防止发生突发事件。

81. 事故应急预案的类别有哪些？

事故应急预案按功能与目标可以划分为3类：综合应急预案、专项应急预案、现场处置方案。它们之间的层次关系如图4-1所示。

（1）综合应急预案。综合应急预案简称综合预案，是企业为应对各种生产安全事故而制定的综合性工作方案，是企业应对生产安全事故的总体工作程序、措施和应急预案体系的总纲。

（2）专项应急预案。专项应急预案简称专项预案，是企业为应对某一种或多种类型生产安全事故，或者防止重要生产设施、重大危险源、重大活动发生生产安全事故而制定的专项工作方案。

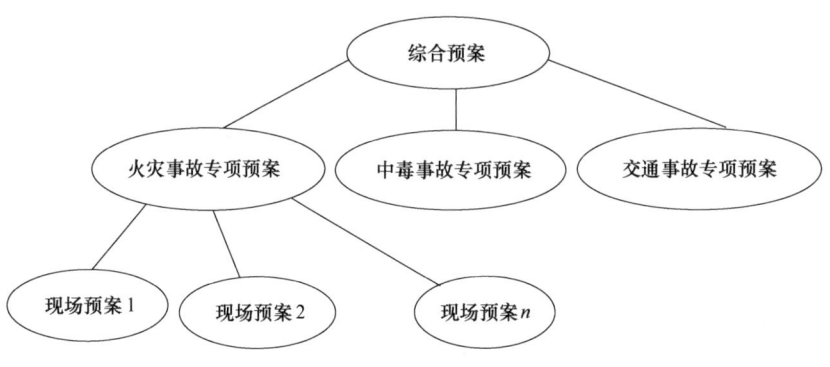

图4-1　事故应急预案的层次关系

（3）现场处置方案。现场处置方案也称现场预案，是企业根据不同生产安全事故类型，针对具体的场所、装置或设施所制定的应急处置措施。事故风险单一、危险性小的企业可只编制现场处置方案。

◎相关知识

根据《中华人民共和国突发事件应对法》，突发事件分为自然灾害、事故灾难、公共卫生事件、社会安全事件4类。按照社会危害程度、影响范围等因素，自然灾害、事故灾难、公共卫生事件分为特别重大、重大、较大和一般4级。

国务院制定国家突发事件总体应急预案，组织制定国家突发事件专项应急预案；国务院有关部门根据各自的职责和国务院相关应急预案，制定国家突发事件部门应急预案。

82. 事故应急预案的主要内容有哪些？

根据《生产经营单位安全生产事故应急预案编制导则》（GB/T 29639—2020）的规定，事故应急预案的主要内容包括以下3个方面。

（1）综合应急预案的内容。该类预案包括总则（适用范围、响应分级）、应急组织机构及职责、应急响应（信息报告、预警、响应启动、应急处置、应急支援、响应终止）、后期处置、应急保障（通信与信息保障、应急队伍保障、物资装备保障、其他保障）和附件。

（2）专项应急预案的内容。该类预案包括适用范围、应急组织机构及职责、响应启动、处置措施、应急保障。

（3）现场处置方案的内容。该类预案包括事故风险描述、应急工作职责、应急处置、注意事项。

83. 有关事故应急预案的教育培训有哪些要求？

（1）各级人民政府应急管理部门、各类企业应当采取多种形式开展应急预案的宣传和教育，普及生产安全事故避险、自救和互救知识，提高从业人员和社会公众的安全意识与应急处置技能。

（2）各级人民政府应急管理部门应当将本部门应急预案的培训纳入安全生产培训工作计划，并组织实施本行政区域内重点企业的应急预案培训工作。

（3）企业应当组织开展本企业的应急预案、应急知识、自救互救和避险逃生技能的培训活动，使有关人员了解应急预案内容，熟悉应急职责、应急处置程序和措施。

（4）应急预案培训的时间、地点、内容、师资、参加人员和考核结果等情况应当如实记入企业的安全生产教育和培训档案。

84. 什么是应急演练？应急演练有什么作用？

在应急预案编制完成后应进行应急演练，在应急预案实施中也应该定期进行演练。应急演练是指针对事故情景，依据应急预案而模拟开展的预警行动、事故报告、指挥协调、现场处置等活动。应急演练是检验、评价和保持应急能力的一个重要手段，其目的包括检验预案、锻炼队伍、磨合机制、宣传教育、完善准备等。

应急演练的重要作用如下：可在事故真正发生前暴露预案和程序的缺陷，发现应急资源（包括人力和设备等）的不足，加强各应急部门、机构、人员之间的协调，增强公众应对突发重大事故的信心和应急意识，提高应急人员的熟练程度和技术水平，进一步明确各自的岗位与职责，提高各级预案之间的协调性，提高整体应急救援能力。

85. 应急演练的类型有哪些？

（1）按组织形式分类。按应急演练组织形式的不同，应急演练可分为桌面演练和现场演练。

1）桌面演练，指针对事故情景，利用图纸、沙盘、流程图、计算机、视频等辅助手段，依据应急预案而进行交互式讨论或模拟应急状态下应急行动的演练活动。

2）现场演练，指选择（或模拟）生产经营活动中的设备设施、装置或场所，设定事故情景，依据应急预案而模拟开展的演练活动。

（2）按演练内容分类。按应急演练内容的不同，应急演练可分为单项演练和综合演练。

1）单项演练，指针对应急预案中某项应急响应功能开展的演练活动。

2）综合演练，指针对应急预案中多项或全部应急响应功能开展的演练活动。

（3）按演练目的与作用分类。按演练目的与作用的不同，应急演练可分为检验性演练、示范性演练和研究性演练。

1）检验性演练，指为检验应急预案的可行性、应急准备的充分性、应急机制的协调性及相关人员的应急处置能力而组织的演练。

2）示范性演练，指为检验和展示综合应急救援能力，按照应急预案开展的具有较强指导宣教意义的规范性演练。

3）研究性演练，指为探讨和解决事故应急处置的重点、难点问题，试验新方案、新技术、新装备而组织的演练。

86. 应急演练时有哪些人员参加？

参加应急演练的人员包括参演人员、控制人员、模拟人员、评价人员和观摩人员等，参加应急演练的人员应在演练过程中佩戴能表明其身份的识别符。

（1）参演人员，指在应急组织中承担具体任务，并在演练过程中尽可能对演练情景或模拟事件做出真实情景下可能采取的响应行动的人员，相当于通常所说的演员。

（2）控制人员，指根据演练情景，控制演练时间进度的人员。

（3）模拟人员，指演练过程中扮演、代替某些应急组织和服务部门的人员，或模拟紧急事件、事态发展的人员。

（4）评价人员，指负责观察演练进展情况并予以记录的人员。

（5）观摩人员，指来自有关部门、外部机构的人员以及旁观演练过程的观众。

三、事故应急处置

87. 事故应急处置的基本要求有哪些？

（1）按照以人为本的要求，科学制定应急处置方案，减少人员伤亡和财产损失。

（2）在做好事故应急救援工作的同时，应迅速组织群众撤离事故危险区域，维护好事故现场和社会秩序。

（3）迅速撤离、疏散现场人员，设置警示标志，封锁事故现场和危险区域，同时设法保护相邻装置、设备，防止事态进一步扩大和引发次生事故。

（4）参加应急救援的人员必须受过专门的训练，配备相应的防护（隔热、防毒等）装备及检测（毒气检测等）仪器。

（5）及时对事故受伤人员进行现场医疗救治，适时进行转移治疗。

（6）掌握事故发展情况，及时修订现场救援与处置方案，有效开展事故处置。

（7）开展事故应急处置时，应尽可能保护事故现场，以便于进行事故调查处理工作。

88. 发生火灾时如何逃生自救？

（1）应沉着冷静，辨明方向，迅速撤离危险区域。如果火灾现场人员较多，切不可慌张，更不要相互拥挤、盲目跟从或乱冲乱撞、相互踩踏，以防造成意外伤害。

（2）在高层建筑中，电梯的供电系统在火灾发生时会随时断电。因此，发生火灾时千万不可乘普通电梯逃生，而要根据情况选择进入相对安全的楼梯、消防通道、有外窗的通廊等。此外，还可以利用建筑物的阳台、窗台、天台屋顶等攀到周围的安全地点。

（3）在救援人员还不能及时赶到的情况下，可以迅速利用身边的绳索或床单、窗帘、衣服等自制成简易救生绳，有条件的最好用水浸湿，然后从窗台或阳台沿绳缓滑到下面楼层或地面；还可以沿着水管、避雷线等建筑结构中的凸出物滑到地面安全逃生。

（4）暂避到较安全的场所，等待救援。假如用手摸房门已感到烫手，或已知房间被大火或烟雾围困，此时切不可打开房门，否则火焰与浓烟会顺势冲进房间。这时可采取创造避难场所、固守待援的办法。首先应关紧迎火的门窗，打开背火的门窗，用湿毛巾或湿布条塞住门窗缝隙，或者用水浸湿棉被蒙上门窗，并不停地泼水降温，同时用水淋透房间内的可燃物，防止烟火侵入。

（5）设法发出信号，寻求外界帮助。被烟火围困暂时无法逃离的人员，应尽量站在阳台或窗口等易于被人发现和能避免烟火近身的地方。白天可以向窗外晃动颜色鲜艳的衣物，晚上可以用手电筒不停地在窗口闪动或者利用敲击金属物、大声呼救等方式，引起救援人员的注意。

◎ 相关知识

撤离火灾现场时要朝明亮或外面空旷的地方跑，同时尽量向楼梯下面跑。进入楼梯间后，在确定下面楼层未着火后，可以向下逃生，决不能往上跑。若通道已被烟火封阻，则应背向烟火方向撤离，通过阳台、气窗、天台等逃往室外。如果现场烟雾很大或断电，能见度低，无法辨明方向，则应贴近墙壁或按指示灯的指示摸索前进，找到安全出口。

如果逃生要经过充满烟雾的路线，为避免浓烟呛入口鼻，可使用湿毛巾或口罩捂住口鼻，同时使身体尽量贴近地面或匍匐前行。穿越烟火封锁区时，可向头部、身上浇冷水或用湿毛巾、湿棉被、湿毯子等将头和身体裹好，再冲出去。

89. 事故现场应急救护的原则是什么？

（1）在周围环境不危及生命的条件下，一般不要随便搬动伤员。

（2）暂不要给伤员喝任何饮料和进食。

（3）如发生意外而现场无人时，应向周围大声呼救，请求来人帮助或设法联系有关部门，不要单独留下伤员而无人照管。

（4）伤员较多时，根据伤情对伤员分类抢救，处理的原则是先重后轻、先急后缓、先近后远。

（5）对呼吸困难、窒息和心搏停止的伤员，立即将伤员头部置于后仰位，托起下颌，使呼吸道畅通，同时施行人工呼吸、胸外心脏按压等复苏操作，原地抢救。

（6）对伤情稳定、估计转运途中不会加重伤情的伤员，迅速组织人力，利用各种交通工具转运到附近的医疗机构急救。

（7）现场抢救的一切行动必须服从有关领导的统一指挥，不可各自为政。

90. 怎样正确进行人工呼吸？

（1）使处于昏迷、失去知觉或假死状态的伤员仰卧，迅速解开其围巾、领口、紧身衣扣并放松腰带，颈部下方可以适当垫起以利呼吸道畅通，切不可在头部下方垫物。同时，还应再一次检查伤员是否已停止呼吸。

（2）把伤员的头侧向一边，清除口腔中的假牙、血块、黏液等异物。如果舌根下陷，应把舌头拉出来，使呼吸道畅通。如果伤员牙关紧闭，可用小木片、小金属片等坚硬物品从其嘴角插入牙缝，慢慢撬开嘴巴。

（3）使伤员的头部尽量后仰，鼻孔朝天，下颌尖部与前胸部大体保持在一条水平线上。这样，舌根部就不会阻塞气道。

（4）救护人员蹲跪在伤员头部的左侧或右侧，用一只手捏紧伤员的鼻孔，另一只手托住伤员的下颌，使伤员的嘴巴张开。如果伤员的嘴巴无法张开，可用口对鼻人工呼吸法，捏紧嘴巴，紧贴鼻孔吹气。

（5）深吸气后，紧贴伤员的嘴巴吹气。吹气时可隔一层纱布或毛巾。观察伤员胸部，胸部起伏方为有效。

（6）吹气后，应立即离开伤员的口（鼻），并松开伤员的鼻孔（或嘴唇），让其自由呼吸。

（7）在人工呼吸的过程中，若发现伤员有轻微的自然呼吸时，人工呼吸应与自然呼吸的节律相一致。当自然呼吸有好转时，可暂停人工呼吸数秒并密切观察。若自然呼吸仍不能完全恢复，应立即继续进行人工呼吸，直至呼吸完全恢复正常为止。

91. 胸外心脏按压的基本要领是什么？

（1）使伤员仰卧在比较坚实的地面或地板上，解开伤员的衣服，清除其口内异物，然后进行急救。

（2）救护人员蹲跪在伤员腰部一侧，或跨腰跪在其腰部，两手相叠。将掌根紧贴于伤员胸部正中、两乳头连线中点（胸骨下半部）。

（3）救护人员两臂肘部伸直，掌根略带冲击地用力垂直下压，压陷深度为5~6厘米，按压频率为100~120次/分钟，太快和太慢效果都不好。

（4）按压后，掌根迅速全部放松，让伤员胸部自动复原。放松时掌根不必完全离开胸部。

按以上步骤连续不断地按压30次。按压时定位必须准确，压力要适当，不可用力过大、过猛，以免挤压出胃中的食物，堵塞气管，影响呼吸，或造成肋骨折断、气血胸和内脏损伤等；也不能用力过小，否则将起不到按压的作用。

◎相关知识

伤员一旦呼吸和心搏均已停止，应同时进行口对口（鼻）人工呼吸和胸外心脏按压。如果现场只有一人救护，两种方法应交替进行，进行30次胸外心脏按压，再进行2次人工呼吸。在救护人员体力允许的情况下，应连续进行人工呼吸和胸外心脏按压急救，尽量不要停止，直到伤员恢复呼吸与心搏，或有专业急救人员到达现场。

92. 发生触电怎样急救？

触电急救的基本原则是动作迅速、方法正确。有资料指出，从触电后1分钟开始施救，90%的触电者有良好的救治效果；从触电后6分钟开始施救，10%的触电者有良好的救治效果；从触电后12分钟开始施救，被救活的可能性很小。触电的主要急救方法如下。

（1）脱离电源。发现有人触电后，应立即关闭开关，切断电源。

同时，用木棒、皮带、橡胶制品等绝缘物品挑开触电者身上的带电物体。立即拨打报警电话。需要防止触电者脱离电源后可能的摔伤，特别是当触电者在高处的情况下，应考虑采取防摔措施。

（2）解开妨碍触电者呼吸的紧身衣服，检查触电者的口腔，清理口腔黏液，如有假牙，则应取下。

（3）立即就地抢救。当触电者脱离电源后，应根据触电者的具体情况，迅速对症救护。现场应用的主要救护方法是人工呼吸和胸外心脏按压。应当注意，急救要尽快进行，不能等专业急救人员到来后再开始，在送往医院的途中，也不能中止急救。

（4）如有电烧伤的伤口，应包扎后到医院就诊。

93. 发生中毒、窒息事故如何救护？

（1）通风。加强全面通风或局部通风，用大量新鲜空气稀释并冲淡危险区域的有毒有害气体，待有毒有害气体浓度降到容许浓度时，方可进入现场抢救。

（2）做好防护工作。救护人员在进入危险区域前必须戴好防毒面具、自救器等防护用品，必要时也应给中毒者戴上。迅速将中毒者从危险的环境转移到安全、通风的地方。如果中毒者失去知觉，可将其放在毛毯上提拉，或抓住其衣服，头朝前转移出去。

（3）对于一氧化碳中毒，如果中毒者还没有停止呼吸，则应立即松开中毒者的领口、腰带，使中毒者能够顺畅地呼吸新鲜空气；如果呼吸已停止但心搏未停止，则应立即进行人工呼吸，同时针刺人中穴；若呼吸、心搏均已停止，应迅速进行胸外心脏按压，同时进行人工呼吸。

（4）对于硫化氢中毒者，在进行人工呼吸之前，要用浸透食盐溶液的棉花或手帕盖住中毒者的口鼻。

（5）对于瓦斯或二氧化碳导致的窒息，情况不太严重时，可把窒息者移到空气新鲜的场所稍做休息；若窒息时间较长，就要进行人工呼吸抢救。

（6）如果毒物污染了眼部和皮肤，应立即用水冲洗。对于口服毒物的中毒者，应设法催吐，简单有效的办法是用手指刺激舌根。若误服腐蚀性毒物，可口服牛奶、蛋清、植物油等对消化道进行保护。

（7）救护中，救护人员一定要沉着，动作要迅速。对任何处于昏迷状态的中毒人员，必须尽快送往医院进行急救。

◎**事故案例**

某年3月23日，云南省玉溪市某钢铁公司高速线材厂两名员工在处理加热炉煤气阀站盲板阀故障时，因煤气中毒而晕倒。高速线材厂其他员工看见两人晕倒后，纷纷进入车间进行施救，但由于施救方法不当，多人出现不同程度中毒。事故造成2人死亡、17人受伤。

第五部分 职业病危害与职业病防护知识

一、职业病危害与职业病的基础知识

94. 生产中有哪些职业病危害因素?

职业病危害因素,也称职业危害因素或职业性有害因素,是指在生产过程中、劳动过程中、作业环境中存在的各种有害的化学、物理、生物因素以及在作业过程中产生的其他危害从业人员健康、能导致职业病的有害因素。职业病危害因素按照来源可以分为3类。

（1）生产过程中的职业病危害因素,具体如下。

1）化学因素,包括生产性粉尘和化学有毒物质。生产性粉尘有矽尘、煤尘、电焊烟尘等,化学有毒物质有铅、汞、苯、一氧化碳、硫化氢、甲醛等。

2）物理因素,如噪声、振动、辐射、异常气象条件（高温、高湿、低温、高气压）等。

3）生物因素,如附着于皮毛上的炭疽杆菌、甘蔗渣上的真菌、医务工作者可能接触到的生物传染性病原物等。

（2）劳动过程中的职业病危害因素,具体如下：

1）劳动组织和劳动制度不合理,如劳动时间过长、轮班制度不合理等；

2）劳动中精神过度紧张；

3）劳动强度过大或劳动安排不当，如安排的作业与作业人员的生理状况不相适应、超负荷加班加点等；

4）机体过度疲劳，如光线不足引起的视力疲劳等；

5）长时间处于某种不良体位或使用不合理的工具等。

（3）作业环境中的职业病危害因素，具体如下：

1）自然环境中的因素，如炎热季节的太阳辐射；

2）作业场所建筑卫生学设计缺陷，如照明不良、换气不足等。

在实际的生产场所中，职业病危害因素往往不是单一存在的，而是多种因素同时对从业人员的健康产生作用，此时危害更大。

95. 职业病有哪些种类？

职业病是指企业、事业单位和个体经济组织的从业人员在职业活动中，因接触粉尘、放射性物质和其他有毒有害因素而引起的疾病。在立法的意义上，职业病具有一定的范围，即由国家主管部门公布的职业病目录所列的职业病，称为法定职业病。

2013年12月，国家卫生计生委、人力资源社会保障部、国家安全生产监督管理总局以及全国总工会印发了《职业病分类和目录》，将职业病分为10大类132种，具体如下：

（1）职业性尘肺病及其他呼吸系统疾病，如矽肺、煤工尘肺、石墨尘肺、过敏性肺炎、哮喘，共19种。

（2）职业性皮肤病，如接触性皮炎、痤疮、溃疡，共9种。

（3）职业性眼病，如电光性眼炎、白内障，共3种。

（4）职业性耳鼻喉口腔疾病，如噪声聋、铬鼻病，共4种。

（5）职业性化学中毒，如氯气中毒、汞及其化合物中毒，共60种。

（6）物理因素所致职业病，如中暑、手臂振动病，共7种。

（7）职业性放射性疾病，如外照射性急性放射病、放射性皮肤疾病，共11种。

（8）职业性传染病，如炭疽、森林脑炎，共5种。

（9）职业性肿瘤，如石棉所致肺癌、间皮瘤，共11种。

（10）其他职业病，如金属烟热、井下工人滑囊炎，共3种。

96. 职业病的发生主要取决于哪些因素？

职业病的发生与从业人员接触的职业病危害因素的种类、性质、浓度或强度有关，还与生产过程和作业环境有关。此外，从业人员的个体差异也是一个重要因素。总之，职业病的发生主要取决于以下3个因素。

（1）有害因素本身的性质。有害因素的理化性质和作用部位与职业病的发生密切相关，如毒物的理化性质及其对组织的亲和性与毒性作用有直接关系。

（2）有害因素作用于人体的量。物理和化学因素对人的危害都与量有关，多大的量和浓度才能导致职业病的发生，是确诊的重要参考。《工作场所有害因素职业接触限值》系列国家职业卫生标准规定了某些化学有害因素、物理有害因素在工作场所的限值。

（3）从业人员个体易感性。健康的人体停止接触某些有害因素后，被扰乱的生理功能可以逐步恢复；抵抗能力和身体条件差的人员，其解毒和排毒功能下降，更易受到有害因素损害。经常患有某些疾病的从业人员，在接触有毒物质后，可以使原有疾病加剧，进而发生职业病。

二、职业病危害的预防与控制

97. 生产性粉尘对人体会造成哪些危害？

生产性粉尘是指在生产中形成的、能较长时间飘浮在作业场所空气中的固体颗粒，其粒径多为 0.1~10 微米。生产性粉尘进入人体后，根据其性质、沉积部位和数量的不同，可引起不同的病变。

（1）尘肺。长期吸入一定量的某些粉尘可引起尘肺，这是生产性粉尘引起的最严重的危害。

（2）全身中毒性。例如，铅、锰、砷化物等粉尘能在支气管和肺泡壁上溶解并被吸收，引起中毒。

（3）局部刺激性。例如，生石灰、漂白粉、水泥等粉尘可使呼吸道黏膜受损。经常接触粉尘还可引起皮肤、耳、眼的疾病。

（4）光感应性，如沥青粉尘。

（5）感染性，如破烂布屑、兽毛、谷粒等粉尘有时附有病原菌。

（6）致癌性，如铬、镍、砷、石棉及某些光感应性和放射性物质的粉尘。

生产性粉尘引起的职业病中，以尘肺最为严重。尘肺病是危害我国从业人员健康最严重的职业病。

◎ 事故案例

2003 年年初，贵州省湄潭县 200 余人到福建仙游打工，主要从事石英破碎、筛分等工作，接触游离二氧化硅含量在 90% 以上的石英粉尘。对其中 86 名湄潭西河乡返乡民工进行体检，共查出矽肺病患者 46 人，检出率为 53.5%，死亡 18 人。

98. 防治粉尘的主要措施有哪些？

综合防尘措施可概括为 8 个字，即"革、水、密、风、护、管、教、查"。

"革"：工艺改革。以低粉尘、无粉尘物料代替高粉尘物料，以不产尘设备、低产尘设备代替高产尘设备，这是减少或消除粉尘污染的根本措施。

"水"：湿式作业可以有效地防止粉尘飞扬。例如，矿山开采的湿式凿岩、铸造业的湿砂造型等。

"密"：密闭尘源。使用密闭的生产设备或者将敞口设备改成密闭设备。这是防止和减少粉尘外逸，治理作业场所空气污染的重要措施。

"风"：通风排尘。受生产条件限制，设备无法密闭或密闭后仍有粉尘外逸时，要采取通风措施，将产尘点的含尘气体直接抽走，确保作业场所空气中的粉尘浓度符合国家卫生标准。

"护"：受生产条件限制，在粉尘无法控制或在高浓度粉尘条件下作业，必须合理、正确地使用防尘口罩、防尘服等劳动防护用品。

"管"：要重视防尘工作，改善防尘设施，加强维护管理，确保设备良好、高效运行。

"教"：加强防尘工作的宣传教育，普及防尘知识，使接尘人员对粉尘危害有充分的了解和认识。

"查"：定期对接尘人员进行健康检查；对从事特殊作业的人员应发放保健津贴；有作业禁忌证的人员，不得从事接尘作业。

◎相关知识

有下列疾病者不宜从事接尘作业：活动性结核病、严重的上呼吸道和支气管疾病、显著影响肺功能的肺或胸膜病变、严重的心血管疾病。

99. 生产性毒物有哪些危害？

生产性毒物进入人体的途径主要有呼吸道、皮肤和消化道。接触生产性毒物引起的中毒，称为职业中毒。生产性毒物可危害人体的多个系统，表现如下。

（1）神经系统。铅、锰中毒可损伤运动神经、感觉神经，引起周围神经炎。震颤常见于锰中毒或急性一氧化碳中毒后遗症。重症中毒时可发生脑水肿。

（2）呼吸系统。一次性大量吸入高浓度的有毒气体可引起窒息；长期吸入刺激性气体能引起慢性呼吸道炎症，可出现鼻炎、咽炎、支气管炎等上呼吸道炎症；长期吸入大量刺激性气体可引起严重的呼吸道病变，如化学性肺水肿和肺炎。

（3）血液系统。铅可引起低色素性贫血。苯及三硝基甲苯等毒物可抑制骨髓的造血功能，表现为白细胞和血小板减少，严重者发展为再生障碍性贫血。一氧化碳可与血液中的血红蛋白结合形成碳氧血红蛋白，使人体组织缺氧。

（4）消化系统。汞盐、砷等毒物经口大量进入人体时，可出现腹痛、恶心、呕吐与出血性肠胃炎。铅及铊中毒时，可出现剧烈的持续性腹绞痛，并有口腔溃疡、牙龈肿胀、牙齿松动等症状。长期吸入酸雾，可使牙釉质破坏、脱落。四氯化碳、溴苯、三硝基甲苯等可引起急性或慢性肝病。

（5）泌尿系统。汞、镉、砷化氢、乙二醇等可引起中毒性肾病，如急性肾功能衰竭、肾病综合征和肾小管综合征等。

（6）其他。生产性毒物还可引起皮肤、眼睛、骨骼病变。许多化学物质可引起接触性皮炎、毛囊炎。接触铬、铍的皮肤易发生溃疡。长期接触焦油、沥青、砷等可引起皮肤黑变病，甚至诱发皮肤癌。酸、碱等腐蚀性化学物质可引起刺激性眼结膜炎或角膜炎，严重者可引起化学性灼伤。溴甲烷、有机汞、甲醇等中毒，可造成视神经萎缩，以致失明。有些工业毒物还可诱发白内障。

100. 生产性毒物危害的防治措施有哪些？

预防生产性毒物危害，必须采取综合性的防治措施。

（1）消除有毒物质。从生产工艺流程中消除有毒物质，用无毒物质或低毒物质代替有毒物质或高毒物质，改革能产生有毒物质的工艺过程，改造技术设备，实现生产的密闭化、连续化、机械化和自动化，使作业人员脱离或减少直接接触有毒物质的机会。

（2）密闭、隔离有毒物质污染源，控制有毒物质逸散。对逸散到作业场所的有毒物质，要采取通风措施，控制有毒物质飞扬、扩散。

（3）加强对有毒物质的监测，控制有毒物质的浓度，使其低于国家有关标准规定的最高容许浓度。

（4）加强对有毒物质及预防措施的宣传教育。建立健全安全生产责任制、卫生责任制和岗位责任制。

（5）加强个人防护。在存在有毒物质的作业场所作业，应使用防护服、防护面具、防毒面罩等劳动防护用品。

（6）提高机体免疫力。作业人员应因地制宜地开展体育锻炼，注意休息,加强营养,做好季节性多发病的预防。

(7)接触有毒物质的作业人员要定期进行健康检查,必要时实行转岗、换岗作业。

101. 常见职业中毒的典型症状是什么?

(1)铅中毒。铅是常见的工业毒物。职业性铅中毒主要为慢性中毒。早期常感乏力、口内有金属味、肌肉关节酸痛等,随后可出现神经衰弱综合征、食欲不振、腹部隐痛、便秘等。病情加重时,出现四肢远端麻木,触觉、痛觉减退等神经炎表现,握力减退。少数患者在牙龈边缘有蓝色"铅线",重者可出现肌肉活动障碍。腹绞痛是铅中毒的典型症状,多发生于脐周部,也可发生在上腹部或下腹部,每次发作可持续几分钟到几十分钟。另可出现中度贫血,有时伴发高血压。

(2)汞(水银)中毒。慢性汞中毒是职业性汞中毒中最常见的类型,在汞污染较重的作业环境中逐渐发病。初期常表现为神经衰弱综合征,头晕、头痛、乏力、睡眠障碍、记忆力减退、脱发等。随病情进展,可出现典型的"汞兴奋症",情绪不稳、急躁、易兴奋、激动、恐惧、胆怯、害羞、好哭、注意力不集中。个别患者有焦虑不安、抑郁、幻觉、孤僻等表现。检查可见"汞性震颤",严重者写字、吃饭、系扣等动作都发生困难。

(3)一氧化碳中毒。一氧化碳急性中毒的典型症状有头痛、头昏、四肢无力、恶心、呕吐,甚至昏迷,还可出现脑水肿、心肌损害、肺水肿等并发症。

(4)硫化氢中毒。硫化氢急性中毒的典型症状有明显的头痛、头晕、出现意识障碍;或有明显的黏膜刺激症状,出现咳嗽、胸闷、视物模糊、眼结膜水肿及角膜溃疡等。重症者可出现昏迷、肺水肿、呼吸循环衰竭或"电击样"死亡。

（5）苯中毒。急性苯中毒主要表现为中枢神经系统症状，轻者起初有黏膜刺激症状，随后出现兴奋或酒醉状态，并伴有头晕、恶心、呕吐等。重症者可出现阵发性或强制性抽搐、脉搏弱、呼吸浅表、血压下降、昏迷等，甚至发生呼吸衰竭而死亡。

慢性苯中毒常表现为神经衰弱综合征，主要症状为头痛、头晕、记忆力减退、失眠等，有的出现自主神经功能紊乱现象，如心动过速或过缓，个别晚期病例有四肢末端麻木和痛觉减退的现象。

◎相关知识

职业中毒的诊断较为复杂，患者就医时应向医生充分说明职业史（如车间、工种、工龄及劳动现场可能接触的职业病危害因素等），这对医生作出准确的诊断尤为重要。

◎事故案例

某年3月7日，常熟市某建材有限公司热浸镀锌钢卷生产线铅槽泄漏，10名作业人员分日夜两班轮流对铅槽底渗出的铅用机械方法清理，每班作业时间为8小时。作业过程中，为了加快清理进度，从3月10日开始，作业人员改变作业方法，改用氧气切割的方法清除铅块。4天后，也就是3月14日，作业人员中有4人出现头昏乏力、周身不适、恶心呕吐、腹部不适等症状。于是，全部作业人员被送往市第二人民医院进行对症治疗和临床医学观察。经检测，有7名作业人员尿铅超过职业接触限值0.07毫克/升，最大尿铅测得值为0.54毫克/升。其中，有4名作业人员尿铅检测指标达到并超过诊断值0.12毫克/升，且出现明显的临床症状，经过综合分析，确诊为职业性慢性轻度铅中毒。

铅是一种银白色略带蓝色的软金属，熔点为 327 摄氏度，加热至 400~500 摄氏度时，即有大量铅蒸气逸出，在空气中氧化并凝结为铅烟。在本次中毒事故中，作业人员违反操作规程用氧气风枪切割铅块，使空气中凝结大量的含铅化合物烟尘，再加上作业人员没有使用劳动防护用品，导致作业人员吸入烟尘中毒。

102. 噪声对人体有哪些危害？

在生产过程中，机器转动、气体排放、工件撞击与摩擦所产生的噪声，称为生产性噪声或工业噪声。噪声对人体的影响是全身性的、多方面的。噪声会妨碍正常的工作和休息。在噪声环境中工作，人容易感觉疲乏、烦躁，以及注意力不集中、反应迟钝、准确性降低等。噪声可直接影响作业能力和效率。由于噪声掩盖了作业场所的危险信号或警报，使人不易察觉，往往还可导致工伤事故的发生。长期接触强烈噪声会对人体产生以下危害。

（1）危害听觉系统。噪声的危害主要是对听觉系统的损害。强噪声可导致永久性听力下降，引起噪声聋；极强噪声可导致听觉器官发生急性外伤，即爆震性耳聋。

（2）危害神经系统。长期接触噪声可导致大脑皮层兴奋和抑制功能的平衡失调，出现头痛、头晕、心悸、耳鸣、疲劳、睡眠障碍、记忆力减退、情绪不稳定、易怒等症状。

（3）危害其他系统。长期接触噪声可引起其他系统的应激反应，如可导致心血管系统疾病加重，引起肠胃功能紊乱等。

◎ 相关知识

《工作场所有害因素职业接触限值　第 2 部分：物理因素》（GBZ 2.2—2007）规定，每周工作 5 天，每天工作 8 小时，工作场所稳态噪声限值为 85 分贝，非稳态噪声等效声级的限值为 85 分贝；每周工作 5 天，每天工作时间不为 8 小时，需计算 8 小时等效声级，噪声限值为 85 分贝；每周工作不为 5 天，需计算 40 小时等效声级，噪声限值为 85 分贝。

103. 如何控制作业场所的噪声危害？

采取一定的措施可以降低噪声强度和减小噪声危害。

（1）采取技术措施控制噪声的产生，这是控制噪声危害的根本措施。应根据具体情况采取不同的解决方式。采用无噪声或低噪声设备代替高噪声设备，如用液压代替高噪声的锻压。对于生产允许远置的噪声源，如风机、电动机等，应移至车间外或采取隔离措施。

（2）控制噪声的传播。可采取消声、吸声和隔声等措施。消声器是能阻止声音传播而允许气流通过的装置，是防止空气动力性噪声的主要措施。采用吸声材料装饰在车间的内表面或悬挂在车间内，能吸收辐射和反射能量，使噪声强度减弱。在某些情况下，可以利用一定的材料和装置，把声源封闭，使其与周围环境隔绝起来，如隔声罩、隔声间等。

（3）加强个人防护，使用劳动防护用品。防噪声耳塞、耳罩具有一定的防噪声效果。根据耳道大小选择合适的耳塞，隔声效果可达 30~40 分贝，对高频噪声的阻隔效果更好。改善劳动作业安排，工作中穿插休息时间，休息时间离开噪声环境，限制噪声作业的工作时间，可减轻噪声对人体的危害。

（4）卫生保健措施。接触噪声的人员应定期进行体检，以听力检查为重点。对于已出现听力下降者，应加以治疗和加强观察，重者应调离噪声作业岗位。有明显的听觉器官疾病、心血管病、神经系统器质性疾病者,不得从事接触强烈噪声的工作。

◎ 相关知识

某年,在阜新地区纺织行业噪声危害对作业人员健康影响的调查中发现,噪声对人体健康的影响十分明显。噪声对作业人员最主要的危害是导致噪声性听力损伤,早期主要引起高频听力损伤,严重时可引起语频听力损伤,造成噪声性耳聋。对听觉外系统的影响主要是引起心血管系统的损害,长期噪声暴露还会对神经系统造成不良影响。

104. 振动危害的预防控制措施有哪些?

在生产过程中,由机器转动、撞击或车船行驶等产生的振动为生产性振动。产生生产性振动的振动源有风动工具、电动工具、运输工具、农业机械等。

振动危害的预防控制措施如下。

(1) 消除或减少振动源的振动,这是控制振动危害的根本性措施。通过工艺改革尽量消除或减少产生振动的工艺过程,如焊接代替铆接,水力清砂代替风铲清砂。采用减振装置,设计自动或半自动式操纵装置,减少手臂直接接触振动源。

(2) 限制作业时间。在消除或减少振动不理想的情况下,制定合理的作息制度并限制作业时间是防止和减轻振动危害的重要措施。

(3) 加强个体防护。合理使用劳动防护用品也是防止和减轻振动危害的一项重要措施,如戴减振保暖的手套。

(4) 采取医疗保健措施。进行上岗前健康检查,筛选出职业禁忌证。定期体检,争取早期发现手臂振动病并及时治疗。

(5) 加强职业健康教育和培训。对新入职的从业人员进行技术培训，尽量减少作业中的静力作用成分。

105. 生产中电磁辐射有哪些危害？

电磁辐射包括非电离辐射和电离辐射。非电离辐射分为射频辐射、红外线辐射、紫外线辐射、激光等，电离辐射包括 X 射线及 γ 射线等。

（1）射频辐射。射频辐射包括高频电磁场、超高频电磁场和微波等。射频辐射不会导致人体组织器官的器质性损伤，主要引起功能性改变，并具有可逆性特征，在停止接触数周或数月后往往可恢复。

（2）红外线辐射。红外线辐射对机体的影响主要是皮肤和眼睛。

（3）紫外线辐射。强烈的紫外线辐射可引起皮炎，表现为弥漫性红斑，有时可出现小水疱和水肿，并有发痒、烧灼感。在作业场所比较多见的是紫外线辐射对眼睛的损伤，即由电弧光照射所引起的职业病——电光性眼炎。

（4）激光。激光对人体的危害是由它的热效应和光化学效应造成的，能烧伤皮肤。

（5）X 射线及 γ 射线等。在一些特殊的工作场所，从业人员有可能接触放射性物质（放射源）。放射源发出的放射线，可作用于人体的细胞、组织和体液，直接破坏机体结构或使人体神经内分泌系统调节发生障碍。当人体受到超过一定剂量的放射线照射时，便可产生一系列的病变（放射病），严重的可造成死亡。

◎ 相关知识

放射源发出的射线，人们是看不见、闻不到、摸不着的，可能在无形中就对人体造成伤害。因此，在进入工作场所前，要了解现场是否有放射源。作业人员应熟知放射源的标签、标志、包装，严格遵守操作规程。

106. 在生产中如何采取有效的防电离辐射措施？

在有放射源的工作场所中，应采取严格的防护措施，具体如下。

（1）严格遵守并执行放射源使用和保管的安全操作规程与制度。

（2）严格控制辐射剂量。工作时随时检查辐射剂量，建立个人接受辐射剂量卡，保证在容许的辐射剂量下工作。

（3）缩短受照射时间，工作时可实行轮换操作制度。

（4）尽量增大与放射源的操作距离，距离越远，受辐射危害越小，如使用机械手远距离操作。

（5）采用屏蔽材料（如混凝土、铅）遮挡放射源发出的射线。

（6）操作中严格遵守个人卫生防护措施要求，穿戴工作服、工作帽，防止放射性物质污染皮肤或经口进入体内。

（7）加强宣传教育。学习辐射危害的卫生知识和防护措施。非相关操作人员不要盲目进入有放射源警示标志的作业场所。

（8）定期体检。对接触放射源的作业人员实行就业前健康检查和定期健康检查制度。

107. 高温作业对人体有哪些不利影响？

高温环境的热强度超过一定限度时，可对人体产生多方面的不利影响，主要如下。

（1）影响人体热平衡。在高温环境下作业可导致体温上升。当体温上升到38摄氏度以上时，一部分人即可表现出头痛、头晕、心慌等症状，严重者可能导致中暑或热衰竭。

（2）影响水盐代谢。高温作业人员由于排汗增多而丧失大量水分、盐分，若不能及时补充水分、盐分，可出现工作效率低、乏力、口渴、脉搏加快、体温升高等症状。

（3）影响循环系统。在高温环境下作业，皮肤血管扩张，血管紧张度降低，可使血压下降。但在高温与重体力劳动相结合情况下，血压也可增高，但舒张压一般不增高，甚至略有降低，脉搏加快，心脏负担加重。

（4）影响消化系统。在高温环境下作业，易引起消化道胃液分泌减少，因而导致食欲减退。高温作业人员消化道疾病患病率往往高于一般作业人员，而且工龄越长，患病率越高。

（5）影响泌尿系统。长期在高温环境下作业，若水盐供应不足，可使尿浓缩，增加肾脏负担，有时可能导致肾功能不全。

（6）影响神经系统。在高温、热辐射环境下作业，可出现中枢神经系统抑制，注意力和肌肉工作能力降低，动作的准确性和协调性变差，易发生工伤事故。

108. 防暑降温措施有哪些？

做好防暑降温工作，必须采取综合性措施。

（1）做好防暑降温的组织保障，加强宣传教育。

（2）改革工艺，改进设备，认真落实隔热与通风的技术措施。

（3）保证休息。高温下作业应尽量缩短工作时间，可采用小换班、增加工作休息次数、延长午休时间等方法。休息地点应远离热源，应备有清凉饮料、风扇、洗澡设备等。有条件的可在休息室安装空调或采取其他防暑降温措施。

（4）高温作业人员应适当饮用合乎卫生要求的含盐饮料，以补充人体所需的水分和盐分。增加蛋白质、热量、维生素等的摄入，以减轻疲劳，提高工作效率。

（5）加强个人防护。高温作业的工作服应结实、耐热、宽大、便于操作，应按不同作业需要佩戴工作帽、防护眼镜、隔热面罩及穿隔热靴等。

（6）高温作业人员应进行就业前和入暑前体检，凡有心血管系统疾病、高血压、溃疡病、肺气肿、肝病、肾病等疾病的人员不宜从事高温作业。

◎ **事故案例**

某年7月31日17时许，刘某在某高速公路服务区施工过程中突感头晕，被就近送至村卫生所治疗，随后拨打"120"急救电话。经测量，刘某体温为40摄氏度，属重度中暑。虽经急救，但在"120"急救车运送途中，刘某因重度中暑热衰竭死亡。

该事故的原因是刘某在室外从事高温作业，因缺乏有效的防护措施导致重度中暑，引发脑水肿等症状而死亡。

109. 对从业人员的职业健康监护是指什么？

职业健康监护对从业人员来说是一项预防性措施，是法律赋予从业人员的权利，是企业对从业人员承担的义务。其主要内容包括职业健康检查、职业病诊断、建立职业健康监护档案等。

（1）职业健康检查。职业健康检查主要包括上岗前、在岗期间、离岗时的职业健康检查。

1）上岗前的职业健康检查。企业应组织接触职业病危害因素的从业人员进行上岗前的职业健康检查。企业不得安排未经上岗前职业健康检查的从业人员从事接触职业病危害因素的作业，应首先筛选职业禁忌证。

2) 在岗期间的职业健康检查。企业应组织接触职业病危害因素的从业人员进行在岗期间定期的职业健康检查，发现职业禁忌或者有与所从事职业相关的健康损害的从业人员，应及时调离原工作岗位并妥善安置。对需要复查和医学观察的从业人员，应当按照体检机构要求的时间安排复查和医学观察。

3) 离岗时的职业健康检查。企业对接触职业病危害因素的从业人员应进行离岗时的职业健康检查，对未进行离岗时职业健康检查的从业人员，不得解除或终止与其订立的劳动合同。

(2) 职业病诊断。职业病诊断应当由省、自治区、直辖市人民政府卫生健康部门批准的医疗卫生机构承担。从业人员可以在企业所在地、本人户籍所在地或者经常居住地依法承担职业病诊断的医疗卫生机构进行职业病诊断。职业病诊断证明书应当由参与诊断的取得职业病诊断资格的执业医师签署，并经承担职业病诊断的医疗卫生机构审核盖章。从业人员健康出现损害需要进行职业病诊断、鉴定的，企业应当如实提供职业病诊断、鉴定所需的从业人员职业史和职业病危害接触史、工作场所职业病危害因素检测结果和放射工作人员个人剂量监测结果等资料。当事人对职业病诊断有异议的，可以向作出诊断的医疗卫生机构所在地人民政府卫生健康部门申请鉴定。企业应当及时安排对疑似职业病病人进行诊断；在疑似职业病病人诊断或者医学观察期间，不得解除或者终止与其订立的劳动合同。

(3) 建立职业健康监护档案。职业健康监护档案是健康监护全过程的客观记录资料，是系统地观察从业人员健康状况的变化及评价个体和群体健康损害的依据。职业健康监护档案包括从业人员的职业史、职业病危害接触史、职业健康检查结果、处理结果和职业病诊疗等有关个人健康资料。

企业应当为从业人员建立职业健康监护档案,每人 1 份。企业应妥善保存职业健康监护档案。从业人员离开企业时,有权索取本人职业健康监护档案复印件,企业应当如实、无偿提供,并在所提供的复印件上签章。

第六部分 安全生产技术知识

一、机械安全技术知识

110. 常见的机械伤害有哪些?

(1) 机械设备的零部件做旋转运动时造成的伤害。例如,机械设备中的齿轮、皮带轮等旋转造成的人员绞伤和物体打击伤。

(2) 机械设备的零部件做直线运动时造成的伤害。例如,锻锤、冲床的施压部件,牛头刨床的床头,桥式吊车大、小车和升降机构等造成的压伤、砸伤、挤伤。

(3) 刀具造成的伤害。例如,车床上的车刀、铣床上的铣刀、磨床上的磨轮等造成的刺伤和割伤。

(4) 被加工零件造成的伤害。例如,被加工零件固定不牢甩出打伤人,被加工零件在吊运和装卸过程中砸伤人。

(5) 电气系统造成的伤害。机械设备的动力绝大多数是电能,因此机械设备的电气系统,如电动机、配电箱、开关、按钮等,可能造成电击伤害。

(6) 手用工具造成的伤害。

(7) 其他伤害。例如,使用机械设备时发出的强光、高温造成的伤害,机械设备放出的化学能、辐射能、尘毒等造成的伤害。

111. 进行机械设备操作时应注意哪些安全问题？

（1）工作前要穿好工作服，确保袖口紧、领口紧、下摆紧，长发要盘入工作帽内，操作旋转设备时不能戴手套。

（2）操作前以及机械设备运行中，要按规定进行安全检查。特别是对紧固的物件，要查看是否由于振动而松动，若松动应重新紧固。

（3）机械设备严禁带故障运行，千万不能凑合使用，以防发生事故。

（4）机械设备的安全装置必须按规定正确使用，严禁将其拆掉不用。

（5）机械设备使用的刀具、工夹具以及被加工零件等一定要装卡牢固，不得松动。

（6）机械设备在运转时，严禁用手调整，也不得用手测量零件，或进行润滑、清扫杂物等工作。如必须进行时，则应关停机械设备。

（7）机械设备运转时，作业人员不得离开工作岗位，以防发生问题后无人处置。

（8）工作结束后，应关闭开关，把刀具和被加工零件从工作位置退出，将零件、工夹具等摆放整齐，并清理好工作场地。

◎事故案例

某年4月23日，陕西省某煤机厂职工吴某使用摇臂钻床进行钻孔作业。测量零件时，吴某没有关停钻床，只是把摇臂推到一边，就戴着手套操作。这时，飞速旋转的钻头猛地绞住了吴某的手套，强大的力量拽着吴某的手臂往钻头上缠绕。吴某一边喊叫，一边拼命挣扎，等其他工友听到喊声关掉钻床时，吴某的手套、工作服已被撕烂，右手小拇指也被绞断。

112. 进行切削作业应该遵守哪些操作规定?

（1）工件的质量、轮廓尺寸应与机床的技术性能数据相适应。

（2）工件的质量大于 20 千克时，应使用起重设备。

（3）在工件回转或刀具回转的情况下，禁止戴手套操作。

（4）紧固工件、刀具或机床附件时要站稳，不要用力过猛。

（5）每次开动机床前都要确认对任何人无危险，机床附件、工件以及刀具均已固定牢固。

（6）当机床已在工作时，不能变动手柄和进行测量、调整、清理等工作。作业人员应观察加工进程。

（7）如果在加工过程中易形成飞起的切屑，为安全起见，应放防护挡板。

（8）正确放置工件，不要堵塞机床附近的通道，要及时清扫切屑，工作场地特别是脚踏板上不能有冷却液和油。

（9）当用压缩空气作为机床附件驱动动力源时，废气排放口应朝着远离机床的方向。

（10）经常检查工件在工作场地或库房内堆放的稳固性，当将这些工件移到运输箱中时，要确保它们位置稳定以及运输箱本身稳固。

（11）当离开机床时，即使是短时间离开，也一定要切断电源并停车。

（12）当电绝缘体发热并有气味、设备运转声音不正常时，要迅速停车检查。

113. 使用砂轮机有哪些安全要求?

（1）砂轮在安装、使用前，必须经过严格的检查。绝对不准安装、使用有裂纹或损伤等缺陷的砂轮。新砂轮、经第一次修整的砂轮以及发现运转不平衡的砂轮，都应做平衡试验。

（2）在任何情况下都不允许超过砂轮的最高工作速度，安装砂轮前应核对砂轮主轴的转速，在更换新砂轮时应进行必要的验算。

（3）应使用砂轮的圆周表面进行磨削作业，不宜使用侧面进行磨削作业。

（4）无论是正常磨削作业、空转试验还是修整砂轮，作业人员都应站在砂轮的斜前方位置，不得站在砂轮正面。

（5）禁止多人共用一台砂轮机同时操作。

（6）应定期检查和维修砂轮机的除尘装置，及时清除通风装置管道里的粉尘，保持有效的通风除尘能力。

（7）发生砂轮破坏事故后，必须检查砂轮防护罩是否损伤，砂轮卡盘有无变形或不平衡。检查砂轮主轴端部螺纹和紧固螺母，合格后方可使用。

（8）操作时应佩戴眼镜或护目镜，研磨金属时应特别注意防止铅化合物等重金属污染，配备防护服、完善的卫生洗涤设备和提供必要的医疗措施。

114. 冲压作业安全操作规程的主要内容是什么？

（1）开始操作前，必须认真检查防护装置是否完好，离合器制动装置是否灵活、安全可靠。应把工作台上一切不必要的物件清理干净，以防工作时落到脚踏开关上，造成冲床突然启动而发生事故。

（2）不得用手冲压小工件，应该使用专用工具，最好安装自动送料装置。

（3）作业人员对脚踏开关的控制必须小心谨慎，装卸工件时，脚应离开脚踏开关。严禁他人在脚踏开关周围停留。

（4）如果工件卡在模子里，应用专用工具取出，不准用手拿，并应将脚从脚踏开关上移开。

115. 焊接作业应注意哪些安全问题？

焊接火花是火灾和爆炸的重要点火源。违规进行焊接作业会引起火灾事故。焊工在作业时要遵守"十不焊割"原则：

（1）焊工未经安全技术培训考试合格，未取得操作证，不能焊割；

（2）在重点要害部门和重要场所，未采取措施，未经企业有关领导和车间、安全、保卫部门批准及未办理动火作业许可证，不能焊割；

（3）在容器内作业，没有12伏低压照明、通风不良且无人在场监护时，不能焊割；

（4）未经领导同意，面对他人擅自拿来的物件，在不了解其使用情况和构造的情况下，不能焊割；

（5）盛装过易燃易爆气体（固体）的容器、管道，未经彻底清洗和处理并消除火灾爆炸危险的，不能焊割；

（6）用可燃材料充作保温、隔声设施的部位，未采取切实可靠的安全措施，不能焊割；

（7）有压力的管道或密闭容器，如空气压缩机、高压气瓶、高压管道等，不能焊割；

（8）焊接场所附近有易燃物品，未做清除或未采取安全措施，不能焊割；

（9）在禁火区（防爆车间、危险品仓库附近）内未采取严格隔

离等安全措施,不能焊割;

(10)在一定距离内,有与焊割明火操作相抵触的作业(如会排出大量易燃气体的汽油擦洗、喷漆、灌装汽油等作业),不能焊割。

◎事故案例

某年6月,山西省某安装公司对某氧化铝厂3号熟料烧成窑进行大修。17日17时左右,临时工何某在窑尾焊接钩钉时,不慎触电,被送往医院后经抢救无效死亡。事故原因是何某无特种作业操作证,违章进行电焊作业,对电焊操作最基本的技能一无所知。焊接时,何某左手持钩钉,右手握焊把,被焊物钩钉根本没有与窑体接触,负载电流通过引出线、焊把、焊条、钩钉、人体、窑体、二次侧地线,回到电焊机,构成电流流通的回路。电流通过人体,造成何某触电死亡。如果被焊物钩钉与窑体直接接触,由于人体电阻远远大于金属的电阻,通过人体的电流很小,这起触电事故就不会发生了。

二、电气安全技术知识

116. 常见的电气事故有哪几种?

按照电能的形态,电气事故可分为触电事故、电气火灾爆炸事故、雷击事故、静电事故、电磁辐射事故和电路事故。

(1)触电事故。触电事故是由电能及其转换成的其他形式的能量造成的事故。触电事故分为电击和电伤。

1)电击。电击是电流通过人体,刺激机体组织,使肌肉非自主地发生痉挛性收缩而造成的伤害,严重时会破坏人的心脏、肺部、神经系统的正常工作，形成危及生命的伤害。通常所说的触电指的就是电击。电击分为直接接触电击和间接接触电击。前者是触及正常状态下带电的带电体时发生的电击，也称为正常状态下的电击；后者是触及正常状态下不带电，而在故障状态下意外带电的带电体时发生的电击，也称为故障状态下的电击。

2）电伤。电伤是电流的热效应、化学效应、机械效应等对人体造成的伤害。电伤分为电烧伤、电烙印、皮肤金属化、电气机械性损伤、电光性眼炎等伤害。电烧伤是最常见的电伤，分为电弧烧伤和电流灼伤。电弧烧伤是由弧光放电造成的烧伤，是最危险的电伤。

（2）电气火灾爆炸事故。电气火灾爆炸事故是指电气引燃源（电火花、电弧、电气装置危险温度）引发的火灾爆炸事故。

（3）雷击事故。雷电是大气中的一种放电现象。雷电放电具有电流大、电压高的特点，其能量释放出来可能形成极大的破坏力。

（4）静电事故。静电事故是工艺过程或人们活动中产生的相对静止的正电荷和负电荷形式的能量造成的事故。

（5）电磁辐射事故。电磁辐射事故是指电磁波形式的能量辐射造成的事故。辐射电磁波指频率在 100 千赫兹以上的电磁波。在一定强度的高频电磁波照射下，人体所受到的伤害主要表现为头晕、记忆力减退、睡眠不好等神经衰弱症状。严重者除神经衰弱症状加重外，还伴有心血管系统症状。电磁波对人体的伤害有滞后性，并可能通过遗传因子影响到后代。

（6）电路事故。电路事故是由电能传递、分配、转换失去控制或电气元件损坏等电路故障发展所造成的事故。断路、短路、接地、漏电、突然停电、误合闸送电、电气设备损坏等都属于电路故障。电路故障得不到控制即可发展成为事故。

◎ 事故案例

案例1：某修理工想利用大家都去饭堂吃饭的时间，停电检修一台设备。另一职工因上午请假，中午匆匆赶来上班，赶到车间时满头大汗，发现电扇没电，就把闸刀合上。因为修理工蹲在设备后面检修，该职工没有仔细查看，结果修理工当场身亡。

案例2：某地正在施工中的住宅楼将要封顶时，一名作业人员站在脚手架上给阳台穿钢筋。当他双手拿着一根直径为16毫米、长为6米的钢筋向脚手架外伸出时，钢筋顶部碰到离住宅楼不到2米的10千伏架空线，使得该作业人员双手和一只脚被烧掉，惨不忍睹。

117. 电对人体会产生哪些危害？

生产和生活都离不开电的使用。但是，如果不能正确地认识电、使用电，它也会造成伤害。例如，人体接受过量的电流，可能会造成电击伤；电能转换为热能作用于人体，可导致人体烧伤或灼伤；电气设备可产生电磁波，过量的电磁辐射会造成人体机能的损害。

当人体的接触电流达到0.5~1毫安时，人就有手指、手腕麻或痛的感觉；当接触电流增至8~10毫安时，针刺感、疼痛感增强，人体发生痉挛并抓紧带电体，但最终能摆脱带电体；当接触电流达到20~30毫安时，会使人迅速麻痹，不能摆脱带电体，而且血压升高，呼吸困难；当接触电流超过50毫安时，就会使人呼吸麻痹、身体震颤，数秒钟后就可导致死亡。

◎ 相关知识

人体触电时间越长，危害越大。电流通过人体最危险的途径是从手到胸部，其次是从手到脚，危险最小的是从脚到脚。工频电比直流电、高频电对人体的危害大。

118. 造成触电事故的主要原因有哪些?

（1）缺乏电气安全知识。例如，带电拉高压开关，用手触摸被破坏的胶盖闸刀开关等。

（2）违反操作规程。例如，在高压线附近施工或运输大型货物，施工工具或货物碰触高压线；带电接临时照明线及临时电源；火线误接在电动工具外壳上等。

（3）维护不良。例如，未及时修理被大风刮断的低压线路，胶盖闸刀开关破损长期不予修理，线路老化未及时更换等。

（4）电气设备存在安全隐患。例如，电气设备漏电，电气设备外壳未有效接地导致带电，闸刀开关或磁力启动器缺少护壳，电线或电缆因磨损、腐蚀而损坏等。

◎**事故案例**

某年5月15日10时20分，在大连市某厂新建厂房工地，正在作业的汽车起重机碰到高压线，造成司机李某等两名作业人员触电死亡。在这起事故中，汽车起重机司机李某安全意识淡薄，在驾车到达施工现场后，对作业现场的周边环境观察不仔细，在高压线附近进行吊装作业是造成该事故的直接原因。

119. 预防触电的技术措施有哪些?

（1）直接接触电击预防技术措施如下。

1）绝缘。绝缘是用绝缘物把带电体封闭起来。任何情况下，绝缘电阻不得低于每伏工作电压1 000欧姆，并应符合专业标准的规定。

2）屏护。屏护是采用遮栏、护罩、护盖、箱闸等将带电体同外界隔绝开来。

3）间距。间距是将可能触及的带电体置于可能触及的范围之外。在低压操作中，人体及其所携带工具与带电体的距离应不小于 0.1 米。

（2）间接接触电击预防技术措施如下：

1）保护接地（IT 系统[①]）；

2）TT 系统[②]；

3）保护接零（TN 系统[③]）。

（3）其他电击预防技术措施如下。

1）双重绝缘和加强绝缘。双重绝缘是指工作绝缘（基本绝缘）和保护绝缘（附加绝缘）。具有双重绝缘的电气设备属于 Ⅱ 类设备。

2）安全电压。依靠安全电压供电的设备属于 Ⅲ 类设备。我国标准规定，工频安全电压有效值的限值为 50 伏，直流安全电压的限值为 120 伏。

3）电气隔离和不导电环境。电气隔离指工作回路与其他回路实现电气上的隔离。不导电环境是指地板和墙都用不导电材料制成，可大大提高绝缘水平。

4）漏电保护（剩余电流保护）。漏电保护装置主要用于防止间接接触电击和直接接触电击。

◎ **事故案例**

某年 7 月 18 日，某电厂土建分场瓦工班隋某操作混凝土搅拌机，

[①] IT 系统指电源中性点不接地，用电设备外露可导电部分直接接地的系统。

[②] TT 系统指电源中性点直接接地，用电设备外露可导电部分也直接接地的系统。

[③] TN 系统指电源中性点直接接地，用电设备外露可导电部分与电源点直接电气连接的系统。

当其双手扳动手轮时,突然触电死亡。事故后测试手轮对地电压为159伏,搅拌机未接地,未使用漏电保护器,是引发触电事故的根本原因。

120. 作业场所用电有哪些注意事项?

(1) 未经电工特种作业培训考核合格并取得操作证的人员,不得从事电工作业。

(2) 车间内的电气设备不得随意乱动。如果电气设备出现故障,应请电工修理,不得私自修理,更不能带故障运行。

(3) 当电气设备或电路系统中熔丝熔断后,禁止用铜丝和铁丝代替熔丝使用。

(4) 电工进行作业前必须验电。任何电气设备在未验明无电之前,应一律认为有电,不要盲目触及。对"禁止合闸""有人操作"等标牌,无关人员不得移动。

(5) 电气设备应有保护性接地、接零装置,并进行检查,以保证连接的牢固。

(6) 需要移动某些非固定安装的电气设备,如照明灯、电焊机等时,必须先切断电源再移动,同时要防止导线被拉断。

(7) 作业人员经常接触和使用的配电箱、配电板、闸刀开关、按钮开关、插座、插头以及导线等必须保持安全完好,不得有破损或使带电部分裸露。

(8) 在雷雨天切忌走近高压电线杆、铁塔、避雷针等处,应至少远离其20米,以免发生跨步电压触电。

(9) 发生电气火灾时,应立即切断电源,用黄沙、干粉灭火器或二氧化碳灭火器灭火,切不可用水或泡沫灭火器灭火。

◎ 事故案例

某日，某电厂电除尘作业人员发现 3 号炉三电场二次电压降至零。在 4 个电场的电除尘器中，当有 1 个电场的电除尘器退出运行时，除尘效率就会受到一定影响。由于夜间不方便施工，该作业人员便安排一名夜间检修值班人员处理该故障。在没有监护人员的情况下，检修值班人员进入电除尘器绝缘子室处理 3 号炉三电场阻尼电阻故障。由于检修值班人员仅将三电场停电，造成了检修值班人员在与未停电的二电场套管接触时触电，经抢救无效死亡。

121. 雷电有哪些危害？如何防止雷电伤害？

（1）雷电的主要危害如下。

1）火灾和爆炸。直击雷放电的高温电弧能直接引燃邻近的可燃物造成火灾；高电压造成的二次放电可能引起爆炸性混合物爆炸；巨大的雷电流通过导体，在极短的时间内转换成大量的热能，可能烧毁、熔化导体，导致易燃品的燃烧，从而引起火灾乃至爆炸。

2）触电。雷电直接对人放电会使人遭到致命电击，二次放电也能造成电击，球雷打击可使人致命。

3）设备和设施毁坏。数百万伏乃至更高的冲击电压可能毁坏发电机、电力变压器、断路器、绝缘子等电气设备的绝缘，烧断电线或劈裂电线杆；巨大的雷电流瞬间产生的大量热量使雷电流通道中的液体急剧蒸发，体积急剧膨胀，造成被击物破坏甚至爆碎。

4）大规模停电。电力设备或电力线路破坏后可能导致大规模停电。

（2）防止雷电伤害的措施主要如下。

1）为防止直击雷伤害，可以装设避雷针、避雷线、避雷网、避雷带。

2）为了防止二次放电，必须保证接闪线、接地装置等与邻近导体之间有足够的安全距离。

3）变配电装置使用阀型避雷器，防止雷电冲击波的危害。

4）遇雷雨天或作业场所中有跨步电压触电危险时，可采用单足或并足跳的方法逃离危险区。

5）在室外遇雷雨时，要及时躲避。在空旷的野外无处躲避时，应尽量寻找低洼之处，或者立即蹲下。不要使用手机。

122. 静电有哪些危害？防静电的措施有哪些？

（1）静电的危害。在生产工艺过程和作业人员操作过程中，某些材料的相对运动、接触与分离等，会形成静电。静电不会直接使人致命，但静电电压可能高达数万乃至数十万伏，可能在现场发生放电，产生静电火花。静电的危害主要有以下几个方面。

1）在有爆炸和火灾危险的场所，静电火花会成为可燃物的点火源，造成爆炸和火灾事故。

2）人体因受到静电电击的刺激，可能引发二次事故，如坠落、跌伤等。此外，对静电电击的恐惧心理还会对工作效率产生不利影响。

3）在某些生产过程中，静电会妨碍生产，导致产品质量不良，电子设备损坏，造成生产故障，乃至停工。

（2）防静电的措施如下。

1）环境危险性的控制。为了防止静电的危害，可采取取代易燃介质、降低爆炸性混合物的浓度、减少氧化剂含量等措施控制所在环境爆炸和火灾危险性。

2）工艺控制。工艺控制是从工艺上采取适当的措施，限制和避免静电产生和积累。

3）接地和屏蔽。

4）增湿。随着湿度的增加，绝缘体表面上形成薄薄的水膜，使绝缘体的表面电阻大大降低，能加速静电的泄漏。

5）抗静电添加剂。抗静电添加剂是化学药剂，具有良好的导电性或较强的吸湿性。

6）静电中和器。静电中和器又叫静电消除器，是能产生电子和离子的装置。由于产生了电子和离子，物料上的静电电荷得到相反极性电荷的中和，从而能消除静电的危险。

◎ 事故案例

某年10月31日，某石化厂机修车间一名女职工提着带有塑料柄挂钩的方形铁桶到炼油三厂Ⅱ催化粗汽油阀取样口下，打算放一些汽油，用于在酸性大泵维修过程中清洗工具。该女职工将铁桶挂到取样阀上，打开取样阀放油，不久，油桶着火。现场炼油二厂一技术员见状，迅速找来一旁的事故消防蒸气软管，该女职工在消防蒸气的掩护下，很快关掉了取样阀，并和技术员一起用干粉灭火器和消防毛毡将火扑灭。

这是一起典型的由于阀门开度过大、汽油流速过快导致静电积聚，产生火花放电而引发的事故。虽然现场扑救及时得当，没有让事态进一步扩大，但反映出个别职工安全意识还不够强，对静电放电的机理以及造成的危害认识不深。

123. 使用手持电动工具要注意哪些安全事项？

手持电动工具包括手电钻、手砂轮、冲击电钻、电锤、手电锯等，其安全使用要求如下。

（1）使用任何手持电动工具都必须执行安全技术操作规程，作业人员应穿戴好绝缘鞋、绝缘手套等劳动防护用品，并站在绝缘板上操作。

（2）手持电动工具的电源要安装漏电保护器，工具的金属外壳应保护接地或接零，手持电动工具配用的导线、插头、插座应符合要求。

（3）首次使用前，应检测手持电动工具的接零和绝缘情况，确认无误后才能使用。

（4）手持电动工具的导线必须使用绝缘橡胶护套线，禁止用塑料护套线。导线两端要连接牢固，内部接头要正确，特别是手柄尾部的电缆护套要完好。

（5）手持电动工具的电缆线不应有接头，长度不宜超过5米。

（6）在使用中挪动手持电动工具时，只能手提握柄，不得提导线拉扯，也不要过分翻转，避免手柄内电源接头被缠、扯脱落，使机壳带电或发生短路。要防止手持电动工具的工作端对人体造成机械伤害。

（7）在易燃易爆工作环境中，切不可使用手持电动工具，以免产生火花酿成火灾和爆炸事故。

◎ **事故案例**

某日，非电工于某违章接线，误将地线接火线，造成砂轮机外壳带电。这时，操作工张某使用手提砂轮机进行作业，未戴绝缘手套，脚上穿的是布底鞋，于某合闸后，张某立即触电倒地身亡。在这起事故中，使用手持电动工具时未戴绝缘手套，未穿绝缘鞋，违章作业，是发生事故的原因之一。

三、防火防爆安全技术知识

124. 发生火灾时应该如何报警？

发现火情不要惊慌失措，要及时报警，火警电话号码"119"要记清。

（1）火警电话打通后，应讲清着火单位，所在区（县）、街道、门牌或乡村的详细地址。

（2）要讲清什么东西着火、起火部位、燃烧物质和燃烧情况、火势怎样。

（3）报警人要讲清自己的姓名、工作单位和电话号码。

（4）报警后要派专人在街道路口等候消防车到来，指引消防车去往火场，以便迅速、准确地到达起火地点。

◎相关知识

（1）拨打火警电话"119"免收电话费，所有公用电话均可直接拨打。

（2）消防员还参与其他事故的救援工作，包括各种危险化学品泄漏事故的救援，水灾、风灾、地震等自然灾害的抢险救援，恐怖袭击等突发性事件的应急救援，单位和群众遇险求助时的救援救助等。

125. 引起火灾的因素有哪些？

燃烧的必要条件是同时具备可燃物、助燃物、点火源三要素。在火灾防治中，如果能够消除任何一个要素，就可以扑灭火灾。

点火源是引起火灾和爆炸的重要条件。为了预防火灾和爆炸，要对点火源进行严格管理。在生产中，引起火灾和爆炸的常见点火源有以下8种。

（1）明火，如火炉、火柴、烟道喷出的火星、气焊和电焊喷火等。

（2）高热物及高温表面，如加热装置、高温物料的输送管、冶炼厂或铸造厂里熔化的金属等。

（3）电火花，如高电压的火花放电、开闭闸刀开关时的弧光放电等。

（4）静电火花，如液体流动引起的静电、人体的静电等静电火花。

（5）摩擦与撞击，如机器上轴承转动的摩擦、磨床和砂轮的摩擦、铁器工具相撞等。

（6）物质自行发热，如油纸、油布、煤堆积发热，金属钠接触水发生反应放热等。

（7）绝热压缩。例如，硝化甘油液滴中含有气泡时，气泡内空气被落锤冲击受到绝热压缩，瞬时升温，可使硝化甘油液滴被加热至着火点而爆炸。

（8）化学反应热及光线和射线等。

◎ **事故案例**

某年5月26日，太原某钢铁公司热连轧厂由于1号加热炉助燃风机的电动定子绕组绝缘严重老化，绕组4个部位匝间短路引起大电流冲击，造成为其供电的干式变压器绝缘击穿起火，引燃上方电缆，发生火灾，直接财产损失575.3万元。

126. 灭火的基本方法有哪些？

（1）冷却法。例如，用水和二氧化碳直接喷射燃烧物，降低燃烧物的温度，以及往火源附近未燃烧物上喷洒灭火剂，防止形成新的火点。

（2）窒息法。例如，用不燃或难燃的石棉被、湿麻袋、湿棉被等捂盖燃烧物，用沙土埋没燃烧物，减少燃烧区域的氧气量，使火焰熄灭。

（3）隔离法。使燃烧物和未燃烧物隔离，限制燃烧范围。例如，将火源附近的可燃、易燃、易爆和助燃物搬走；关闭可燃气体、液体管道的阀门，减少和阻止可燃物进入燃烧区内；堵截流散的燃烧液体。

（4）化学抑制法。例如，往燃烧物上喷射干粉等灭火剂，可中断燃烧的连锁反应，达到灭火的目的。

127. 在生产现场如何配备灭火器？

按物质的燃烧特性可将火灾分为六类：A类、B类、C类、D类、E类、F类。灭火器是扑救初起火灾的重要消防器材，按所充装的灭火剂可分为泡沫灭火器、干粉灭火器、二氧化碳灭火器、酸碱灭火器、清水灭火器等几类。

（1）A类火灾是指固体物质火灾，如木材、棉、毛、麻、纸张火灾等。扑救A类火灾应选用水型灭火器、泡沫灭火器、磷酸铵盐干粉灭火器。

（2）B类火灾是指液体火灾和可熔化的固体物质火灾，如汽油、煤油、原油、甲醇、乙醇、沥青、石蜡火灾等。扑救B类火灾应选用干粉灭火器、二氧化碳灭火器、泡沫灭火器。扑救极性溶剂 B 类火灾不得选用化学泡沫灭火器,应选用抗溶性泡沫灭火器。

(3) C 类火灾是指气体火灾,如煤气、天然气、甲烷、乙烷、丙烷、氢气火灾等。扑救 C 类火灾应选用干粉灭火器、二氧化碳灭火器。

(4) D 类火灾是指金属火灾,如钾、钠、镁、钛、锆、锂、铝镁合金火灾等。扑救 D 类火灾应选用 7150 干粉灭火器或沙土等。

(5) E 类火灾是指带电火灾,是物质带电燃烧的火灾,如发电机、电缆、家用电器火灾等。扑救 E 类火灾应选用干粉灭火器或二氧化碳灭火器,但不得选用装有金属喇叭喷筒的二氧化碳灭火器。

(6) F 类火灾是指烹饪器具内烹饪物的火灾,如动物油脂火灾等。扑救 F 类火灾一般可选用水基型(水雾、泡沫)灭火器。

◎ 相关知识

俗话说,水火不相容,但自然界就有这种物质,沾水就能着火,这是为什么?原来遇水着火的物质与水接触时能发生化学反应,并产生可燃气体和热量,引起燃烧。属于这类物质的有以下几种。

(1) 碱金属和碱土金属,如锂、钠、钾、钙、锶、镁等。它们与水反应可生成大量的氢气,遇点火源就会燃烧或爆炸。

(2) 氢化物。例如,氢化钠与水接触能放出氢气并产生热量,使氢气自燃。

(3) 碳化物,如碳化钙、碳化钾、碳化钠等。碳化钙(电石)与水接触能生成乙炔,这种气体能燃烧或爆炸。

(4) 磷化物,如磷化钙、磷化锌等。它们与水反应可生成磷化氢,这种气体在空气中能够自燃。

128. 扑救初起火灾的原则和方法是什么？

发生火灾后，要及时使用本企业的消防器材与设施进行扑救，遵循"先控制后消灭，救人重于救火，先重点后一般"的原则。

（1）断绝可燃物。将燃烧点附近可能助长火势蔓延的可燃物移走；关闭或打开有关阀门，切断可燃物来源；采用泥土、黄沙筑堤等方法，阻止流淌的可燃液体流向燃烧点。

（2）冷却。使用本企业相关消防器材与设施灭火。如果缺乏消防器材与设施，则应使用简单工具灭火，如水桶、面盆等。

（3）窒息。使用泡沫灭火器喷射泡沫覆盖燃烧物表面；利用容器、设备的顶盖盖住燃烧区；利用毯子、棉被、麻袋等浸湿后覆盖在燃烧物表面；用沙土覆盖燃烧物，对忌水物质则必须采用干燥沙土扑救。

（4）扑打。对小面积草地、灌木及其他固体可燃物的燃烧，火势较小时，可用扫帚、树枝条等扑打。

（5）断电。如果发生电气火灾，或者火势威胁到电气线路、电气设备，或电气线路、电气设备影响灭火人员安全时，首先要切断电源。

（6）阻止火势蔓延。

（7）防爆。将受到火势威胁的易燃易爆物质、压力容器等转移到安全地点；停止向受到火势威胁的压力容器和设备输送物料，并设法将压力容器和设备内物料导走；停止对压力容器加温，打开冷却系统阀门，对压力容器设备进行冷却；有手动放空泄压装置的，应立即打开有关阀门放空泄压。

◎ **事故案例**

某年5月16日上午，柳州某汽车厂涂装车间违章动火，发生火灾，由于未能实施初起火灾的灭火措施，造成事故进一步扩大。过火面积达278平方米，直接财产损失900.39万元。

129. 防火防爆应注意哪些事项？

（1）开展防火教育，提高群众对防火意义的认识。掌握一定的防火防爆知识，并严格贯彻执行防火防爆规章制度。禁止违章作业。

（2）应在指定的安全地点吸烟，严禁在工作现场和厂区内吸烟。

（3）使用、运输、储存易燃易爆气体、液体等物质时，一定要严格遵守安全操作规程。

（4）在工作现场禁止随便动用明火。确需使用时，必须报请主管部门批准，并做好安全防范工作。

（5）对于使用的电气设施，如发现绝缘破损、老化不堪、超负荷以及不符合防火防爆要求时，应停止使用，并报告领导加以解决。不得带故障运行，防止发生火灾、爆炸事故。

（6）应学会使用一般的灭火工具和器材。对于车间内配备的防火防爆工具、器材等，应该爱护，不得随便挪用。

◎ 事故案例

某年4月7日18时45分，某厂牛津布车间发生爆燃并引发火灾，造成4人死亡、2人受伤，火灾烧毁车间内部分成品及半成品，烧损一套涂层生产线，过火面积达670平方米，直接经济损失折款25万余元。调查发现，事故的直接原因是生产设备缺乏必要的安全装置，没有采取有效的消除静电措施，排风系统不能满足工艺安全要求，以致在涂层、刮料、烘干、卷料的过程中，涂布的表层及烘箱内充满了涂料挥发出来的可燃性混合气体，烘箱内的可燃性混合气体遇到涂布卷料作业过程中产生的静电放电火花，引起爆燃。

◎相关知识

消防器材维护与保养注意事项如下。

（1）消防器材应有专人负责管理和保养。

（2）消防器材要专物专用，不能用于与消防无关的方面。

（3）要定期检查消防器材，检查存放地点是否适当，机件是否损坏或出现故障，灭火剂是否过期等。消防器材使用后，要立即保养、补充。对机动消防车，要经常发动、定期试车，保持性能良好。

（4）消防器材应设置在明显的地方，设立标志，便于取用。消防器材的附近不能堆放杂物，保持道路畅通。

130. 使用易燃物品有哪些安全要求？

（1）在制造、使用易燃物品的建筑物内，电气设备应为防爆型。电气装置、电热设备、电线、保险装置等都必须符合防火要求。

（2）易燃物品的存放量不得超过一昼夜的用量，不得放在过道上，不得靠近热源及受日光暴晒。

（3）制造和使用易燃液体、可燃气体时，禁止使用明火蒸馏或加热，应使用水浴、油浴或蒸汽浴。使用油浴时，不得用玻璃器皿作浴锅；操作中应经常测量油浴的温度，不得让油温接近闪点。

（4）各种易燃、可燃气体、液体的管道，不得有跑、冒、滴、漏现象。检查漏气时，严禁用明火试验。气体钢瓶不得放在热源附近，或在日光下暴晒。使用氧气时禁止与油脂接触。

（5）强氧化剂不得与可燃物质接触、混合。经易燃液体浸渍过的物品，不得放在烘箱内烘烤。

（6）易燃物品（如钠、白磷、二硫化碳等）的残渣不准倒入垃圾箱内和污水池、下水道内，应放置在密闭的容器内或妥善处理。沾有油脂的抹布、棉丝、纸张，应放在有盖的金属容器内，不得乱扔乱放，防止自燃。

（7）作业完毕后，要收拾干净工作场所，关闭可燃气体、液体的阀门，清查危险物品并封存好，清洗用过的容器，切断电源，关好门窗，经详细检查确保安全时，方可离去。

（8）制造、使用易燃物品的车间，耐火程度要高，出入口一般不得少于两个，门窗向外开。在建筑物内外适宜的地方放置灭火器材，如泡沫灭火器、二氧化碳灭火器、干粉灭火器和沙箱等。

四、特种设备安全技术知识

131. 锅炉、压力容器的使用有哪些安全管理规定？

（1）使用许可厂家生产的合格产品。国家对锅炉、压力容器的设计、制造有严格要求，实行生产许可制度。锅炉、压力容器的制造单位必须具备保证产品质量所必需的加工设备、技术力量、检验手段和管理水平，并取得特种设备制造许可证，才能生产相应种类的锅炉或者压力容器。

（2）登记建档。锅炉、压力容器在正式使用前，必须到当地特种设备安全监督管理部门登记，经审查批准登记建档、取得使用证，方可使用。

（3）专责管理。使用锅炉、压力容器的单位应对设备实行专责管理，即设置专门机构、责成专门的领导和技术人员管理设备。

（4）建立制度。使用单位必须建立一套科学、完整、切实可行的锅炉、压力容器管理制度。

（5）持证上岗。锅炉司炉、水质化验人员及压力容器操作人员，均应接受专业安全技术培训并考试合格，持证上岗。

（6）照章运行。锅炉、压力容器必须严格依照规章制度和操作规程操作运行，任何人在任何情况下都不得违章作业。

（7）定期检验。定期对锅炉、压力容器进行检验，认真处理缺陷。

（8）监督检查。必须严格监督、检查锅炉、压力容器的运行状态，保证各装置、附件完好有效，各项参数正常。

（9）报告事故。锅炉、压力容器在运行中发生事故，除紧急妥善处理外，应按规定及时、如实上报主管部门及当地特种设备安全监督管理部门。

（10）优化环境。锅炉房及压力容器操作间均为生产重地，必须按规定进行建造，精心管理，使设备及操作人员经常处于良好的环境与氛围中。

◎ **事故案例**

某年 11 月 28 日，山西省某酒业有限公司一台锅炉爆炸，造成 2 人死亡、2 人重伤、2 人轻伤。通过事故调查了解，该锅炉是私自设计、土法制造、自行安装并投入使用的非法私造锅炉，各个环节均没有任何资料与合法手续，整个制造、安装、使用过程中的人员都没有经过专业的培训学习，锅炉知识比较匮乏，这些是造成这次事故的主要原因。

132. 如何对压力容器进行安全操作和维护保养?

(1) 压力容器的安全操作。

1) 基本要求如下。

①平稳操作。加载和卸载应缓慢,并保持运行期间载荷的相对稳定。

②防止过载。防止压力容器过载,避免超压。

2) 压力容器运行期间的检查。对运行中的压力容器进行检查,包括工艺条件、设备状况以及安全装置等方面的检查。

3) 压力容器的紧急停止运行。压力容器在运行中出现下列情况时,应立即停止运行:

①压力容器的操作压力或壁温超过安全操作规程规定的极限值,而且采取措施后仍无法控制,并有继续恶化的趋势;

②压力容器的承压部件出现裂纹、鼓包变形,焊缝或可拆连接处出现泄漏等;

③压力容器装置全部失效,连接管件断裂,紧固件损坏等,难以保证安全操作;

④操作岗位发生火灾,威胁压力容器的安全操作;

⑤高压容器的信号孔或警报孔泄漏。

(2) 压力容器的维护保养。做好压力容器的维护保养工作可以使压力容器经常保持完好状态,提高工作效率,延长压力容器使用寿命。压力容器的维护保养主要包括以下几方面的内容:

1) 保持完好的防腐层;

2) 消除产生腐蚀的因素;

3) 消灭压力容器的"跑、冒、滴、漏";

4）加强压力容器在停用期间的维护；

5）经常保持压力容器的完好状态。

133. 如何安全使用气瓶?

（1）应严格执行安全技术操作规程，在使用前对气瓶进行全面检查。

（2）所有气瓶不得靠近火源、热源，并应与火源、热源相距一般不得低于10米，如条件所限，应采取隔热措施，但不得小于5米。

（3）对于液化气体气瓶，在冬季或瓶内压力较低时，必要时可用热水加热瓶身，严禁用明火烘烤。

（4）使用中如遇气瓶瓶阀漏气，应立即停止使用，并旋紧瓶阀，然后妥善处理，切不可带"病"使用。如果气瓶低熔合金塞遇热熔融漏气，应立即用冷水浇瓶身，同时将小木塞敲入熔孔堵塞。如果漏气严重，措施无效，应根据瓶内气体性质，采取相应的应急处置措施。

（5）使用气瓶应了解瓶内储气的性质，操作时应符合其特性要求。

（6）气瓶内的气体不得全部用尽，应留有剩余压力，防止吸入空气或其他物质，造成回火或构成其他危险。

（7）在作业结束后，应认真清理现场，卸下气瓶减压阀，关好总阀，不得用工具硬扳，以防瓶阀损坏，同时应把气瓶放到安全位置。

（8）气瓶不得乱用，不得坐人，不得用来吹干衣服或清扫使用，也不能把气瓶当工作台、磴子用，防止混用而发生意外事故。

◎ **事故案例**

某年 11 月 11 日晚，新疆某钢结构有限公司 12 人在进行气割作业。23 时 30 分左右，车间南侧 9 号柱附近突然发生爆炸。事故共造成 6 人死亡、6 人受伤。爆炸产生的冲击波将生产车间北侧墙面彩钢板全部损坏，南侧 5 柱与 11 柱之间墙面彩钢板损坏，东、南、北侧墙面玻璃全部损坏。阴极钢棒生产作业区 5 柱至 11 柱顶部彩钢盖板被掀开，面积约为 1 500 平方米。

该事故的直接原因是气割作业人员将混装了液化天然气和液氧的第八组气割用焊接绝热气瓶作为液氧瓶使用，使用过程中当混合气达到爆炸极限后遇火源发生爆炸。

134. 起重作业要遵守哪些安全规定？

（1）司机接班时，应对制动器、吊钩、钢丝绳和安全装置进行检查。发现性能不正常时，应在操作前排除。

（2）开机作业前，应确认处于安全状态方可开机。

（3）开机作业前，必须鸣铃或示警。操作中起重机接近人时，应给断续铃声或示警。

（4）操作应按指挥信号进行。对紧急停车信号，不论何人发出，都应立即执行。

（5）确认起重机上或周围无人时，才可以闭合主电源。当电源电路装置上加锁或有标志牌时，应由有关人员解除后才可闭合主电源。

（6）闭合主电源前，应将所有的控制器手柄置于零位。

（7）作业中突然断电时，应将所有的控制器手柄扳回零位，关闭总电源。在重新作业前，应检查设备装置是否正常。

（8）在轨道上露天作业的起重机，当作业结束时，应将起重机锚定住。当风力大于6级时，应停止作业，并将起重机锚定住。对于在沿海作业的起重机，当风力大于7级时，应停止作业，并将起重机锚定住。

（9）司机进行维护保养时，应切断主电源并挂上标志牌或加锁。如存在未消除的故障，应通知接班司机。

◎ 事故案例

某年7月14日，在某工程施工现场，破桩班组作业人员负责将已锤打到位的管桩多出部位锯断，并进行吊运、清理。约9时40分，由彭某捆绑的桩头（重约1吨）在吊离地面约1.5米时因未捆绑牢固突然滑落。本已离开的彭某返回取工具时被砸中，经抢救无效死亡。

◎ 相关知识

（1）起重机司机应经专业培训，并经考试合格持有特种作业操作证，方能进行起重操作。

（2）作业前必须戴好安全帽，对投入作业的机械设备必须严格检查，确保完好可靠。

（3）现场指挥信号要统一、明确，坚决反对违章指挥。

（4）在被吊物就位固定前，起重机司机不得离开作业岗位。不准在索具受力或被吊物悬空的情况下中断作业。

135. 起重搬运作业有哪些注意事项？

（1）起重搬运作业人员在作业前应认真检查工具是否完好可靠，不准超负荷作业。

（2）作业时应做到轻装轻卸，堆放平稳，捆扎牢固。

（3）用机动车装运货物时，不得超载、超高、超长、超宽。如有特殊情况而必须超高、超长、超宽装运时，要经过相关部门的批准，并采取可靠的措施和设置明显标志。车辆行驶时，物件和栏板之间不准站人。

（4）使用卷扬机、钢管滚动滑移货物时，要有专人指挥，卸车或下坡应加保险绳，货物前后和牵引钢丝绳旁不准站人。

（5）装运易燃、易爆危险货物时，严禁烟火，并必须轻搬轻放，严禁与其他物品混装。车厢内不准坐人，不准在车厢顶上或车底下休息。

（6）装卸、搬运粉状物料及有毒物品时，应佩戴必要的劳动防护用品。

◎相关知识

起重机司机"十不吊"。"十不吊"是指起重机司机在作业中遇到以下10种情况时不能进行起吊作业：

（1）指挥信号不明或乱指挥不吊；

（2）物体质量不清或超负荷不吊；

（3）斜拉物体不吊；

（4）重物上站人或有浮置物不吊；

（5）工作场地昏暗，无法看清场地、被吊物及指挥信号时不吊；

（6）遇有拉力不清的埋置物时不吊；

（7）工件捆绑、吊挂不牢不吊；

（8）重物棱角处与吊绳之间未加衬垫不吊；

（9）结构或零部件有影响安全作业的缺陷或损伤时不吊；

（10）钢（铁）水装得过满不吊。

五、矿山安全技术知识

136. 入井有哪些安全注意事项?

（1）入井前要吃好、睡好、休息好，千万不能喝酒，以保持充沛精力。

（2）明火和静电可导致矿井瓦斯爆炸及火灾，因此不能穿化纤衣服和携带香烟及点火物品入井。

（3）入井前要随身佩戴矿灯、安全帽等劳动防护用品，携带自救器，配备不齐或设备不完好不能入井。

（4）携带锋利工具时，要套好护套，防止伤人。

（5）通过班前会可了解作业地点的安全生产情况，明确安全注意事项，掌握防范措施，保障作业安全，因此要按时参加班前会。

（6）自觉遵守入井检身制度，听从指挥，排队入井，接受检身。

◎ 事故案例

某工作队在某隧道连夜赶工，通风系统的巷道未打通，瓦斯监控系统的传感器损坏，没有信号。某日，由于地面冲击，某工人在未断电的情况下检修照明保护装置，发生瓦斯爆炸。经查，发生事故时，值班负责人未在岗，工人未佩戴自救器和瓦斯检测仪。事故造成2人死亡、多人受伤，经济损失1 000多万元。

137. 在井下如何安全乘车和行走?

（1）上下井乘罐、乘车带要听从指挥，不能嬉戏打闹、抢上抢下。

（2）要按照定员乘罐、乘车，并关好罐笼门、车门，挂好防护链。不能在机车上或两车厢之间搭乘。

（3）人货混载十分危险，不要乘坐已装物料的罐笼、矿车。

（4）开车信号已发出或罐笼、人车没有停稳时，严禁上下。

（5）运送火工品时，要听从管理人员安排。火工品千万不能与上下班人员同罐、同车。

（6）乘罐、乘车行驶途中，不能在罐内、车内躺卧和打瞌睡，不能将身体的任何部位和随身携带的工具伸到罐笼和车辆外面。

（7）乘坐"猴车"（无级绳绞车）时，不触摸绳轮，做到稳上稳下。

◎ **事故案例**

某年12月1日11时20分，某矿业有限公司一号井发生一起运输事故，死亡1人。事故经过如下：当日8时40分，工人李某在13路车场负责放车挂链。11时20分，李某违章操作，导致矿车跑车。矿车跑到13路半交叉点时把正从该处出来的803掘进队队长龙某当场撞死。

◎ **相关知识**

（1）在巷道中行走时，要走人行道，不得在轨道中间行走，不随意横穿电机车轨道、绞车道。携带长件工具时，要注意避免碰伤他人和触及架空线。当车辆接近时，要立即进入躲避硐室暂避。

（2）在横穿大巷或通过弯道、交叉口时，要做到"一停、二看、三通过"。任何人都不能从立井和斜井的井底穿过。在人、车兼用的斜巷内行走时，按照"行人不行车、行车不行人"的规定，人不得与车辆同行。

（3）钉有栅栏和挂有危险警告牌的地点十分危险，不能擅自进入。爆破作业经常伤人，不可强行通过爆破警戒线或进入爆破警戒区。

（4）严禁扒车、跳车和乘坐矿车，严禁在刮板输送机上行走。在带式输送机巷道中，不能钻过或跨越输送带。

138. 如何预防瓦斯和煤尘爆炸事故？

（1）要爱护监测、监控设备。不能擅自调高监测探头的报警值，不能破坏瓦斯监测探头或用泥巴、煤粉及其他物品封堵瓦斯监测探头。

（2）要自觉爱护井下通风设施。通过风门时，要立即随手关好，不能将两道风门同时打开，以免造成风流短路。发现通风设施破损、工作不正常或风量不足时，要及时报告，修复处理。

（3）局部通风机应由专人负责管理，其他人不可随意停开。

（4）当采区回风巷、采掘工作面回风巷风流中的瓦斯浓度超过1.0%（体积分数）或二氧化碳浓度超过1.5%（体积分数）时，必须停止作业，撤出人员，采取措施，进行处理。当采掘工作面及其他作业地点风流中、电动机或其开关装设地点附近20米以内风流中的瓦斯浓度达到1.5%（体积分数）时，必须停止作业，切断电源，撤出人员，进行处理。

（5）井下不能随意拆开、敲打、撞击矿灯，不准带电检修、搬运电气设备，更不能使用明闸刀开关。

（6）井下禁止吸烟和使用火柴、打火机等点火物品。

（7）爆破作业必须严格执行"一炮三检"制度（装药前、放炮前、放炮后检查瓦斯浓度）。爆破地点附近20米以内风流中的瓦斯浓度达到1.0%（体积分数）时，严禁装药、爆破。井下爆破作业必须使用专用发爆器，严禁使用明火、明闸刀开关、明插座爆破。炮眼必须按规定封足炮泥。要按规定使用炮泥，严禁使用煤粉或其他易燃物品封堵炮眼，无封泥或封泥不足时严禁爆破。

（8）观察到有煤与瓦斯突出征兆时，要立即停止作业，从作业地点撤出，并报告有关部门。

（9）要认真实施煤层注水、湿式打眼、使用水炮泥、喷雾洒水、冲洗巷帮等综合防尘措施。在井下作业时要爱护防尘设备设施，不可随意拆卸、损坏。

◎ 事故案例

某煤矿发生一起重大瓦斯爆炸事故，造成14人死亡。该矿被鉴定为低瓦斯矿井，其通风方式为分区抽出式。事故的直接原因是两掘进工作面贯通后，回风上山通风设施不可靠，严重漏风，导致工作面处于微风状态，造成瓦斯积聚，作业人员违章试验发爆器打火引起瓦斯爆炸。

139. 预防顶板事故的措施有哪些？

顶板事故是矿山井下最常见、最容易发生的事故，要注意防范。当出现以下一种或几种征兆时，要及时采取防范措施：顶板、支架发出响声，顶板掉渣，煤壁片帮，顶板出现裂缝，顶板脱层，直接顶漏顶等。

顶板是否会发生冒落，可采用以下方法进行观察。

（1）敲帮问顶。即用钢钎或手镐敲击顶板，声音清脆响亮的，表明顶板完好；发出"空空"或"嗡嗡"声的，或感到顶板震动的，表明已有顶板岩石离层，有冒落的危险，应采取措施防范或把脱离的岩块挑下来。

(2)打木楔。即在顶板裂缝中打入一块小木楔,过一段时间如果发现木楔松动或脱落,说明裂缝在扩大,顶板有冒落的危险,应采取措施进行处理。

◎ 事故案例

某年 11 月 12 日 22 时 10 分,某煤矿发生一起顶板事故,死亡 1 人。该起事故中,202 区采煤工作面开切眼掘进中因支护强度不够,发生冒顶,1 名作业人员被埋压致死。

◎ 相关知识

在进行事故救援时,如果遇险人员靠近放顶区,可沿放顶区由外向里掏洞;分层开采时底板是煤层,遇险人员在金属网或荆条假顶下面时,可沿底板煤层边支护边掏洞;如果工作面上下出口同时冒落,把人员堵在中间,也可沿煤层重开切眼以达到救人的目的。

140. 预防井下火灾事故的措施有哪些?

井下火灾后果十分严重,会造成重大人员伤亡和财产损失,还可能引发瓦斯、煤尘爆炸,导致灾害进一步扩大。因此,井下火灾的防范极其重要。

(1)不能在井下用灯泡取暖和使用电炉、明火。

(2)在没有得到批准的情况下,不得从事电焊、气焊作业。

(3)井下巷道和硐室内严禁存放汽油、柴油和变压器油,不能将剩油、废油随意泼洒,也不能将用过的棉纱、布头和纸张等易燃物品随意丢弃。

(4)学会使用灭火器具,掌握灭火知识。

火灾发生初期是灭火的最好时机,在发生火灾时,若火势不大,可直接组织身边人员灭火;若火灾范围大或火势太猛,现场人员无力抢救且自身安全受到威胁时，应迅速戴好自救器，听从指挥撤离危险区域。

141. 预防井下水灾事故的措施有哪些？

井下水灾事故是矿山重大灾害之一，会造成重大的人员伤亡。当观察到以下一种或几种征兆时，必须停止作业，采取措施，立即报告矿调度室，发出警报，撤出所有受水灾威胁地点的人员：采掘工作面或其他地点挂红、挂汗、空气变冷、出现雾气、水叫、顶板淋水加大、顶板来压、底板鼓起或产生裂隙、出现渗水、水色发浑、有臭味等。

探水作业经常会发生意外，进行探水作业时，要预先开好躲避硐室，加强支护，规定好联络信号和避灾路线，并经常检查瓦斯浓度。当钻进中发现煤岩松软、片帮、来压或钻孔中的水压、水量突然增大，以及有顶钻等异状时，必须停止钻进，但不得拔出钻杆，现场负责人员应立即向矿调度室报告，并派人监测水情。情况危急时，要立即撤出所有受水灾威胁地点的人员。

142. 井下发生事故时如何逃生和自救？

（1）有效的自救和互救可减少事故伤亡，挽救自己和他人的生命，因而要主动学习和掌握矿井灾害预防知识和自救、互救知识，熟悉井下避灾路线。

（2）发生事故后，及时报警可增加获救的机会，赢得抢救的时间。在事故发生后，要充分利用附近的电话或派出人员迅速将事故情况向领导或调度室报告。

（3）避灾过程中，要保持镇静，沉着应对，不要惊慌，不要乱喊乱跑；要遵守纪律，听从指挥，决不可单独行动。

(4)紧急避灾撤离事故现场时，要迎着风流，向进风井口撤离，并在沿途留下标记。

(5)无法安全撤离时，要迅速进入预先构筑的躲避硐室或其他安全地点暂避，在硐室外留下明显标记，并不时敲打轨道或铁管以发出求救信号。撤离路线被封堵时，不要冒险闯过火区或泅过被水封堵的通道。

(6)抢救窒息或心搏、呼吸骤停的伤员时，要先复苏，后搬运。

(7)正确避灾，可避免或减少人员伤亡。遇到瓦斯、煤尘爆炸事故时，要迅速背向空气震动的方向，脸朝下卧倒，并用湿毛巾捂住口鼻，以防吸入大量有毒气体；与此同时，要迅速戴好自救器，选择顶板坚固、有水或离水较近的地方躲避。

◎相关知识

遇到火灾事故时，要首先判明灾情和自己的实际处境，能灭（火）则灭，不能灭（火）则迅速撤离或躲避，开展自救或等待救援。

遇到水灾事故时，要尽量避开突水水头，难以避开时，要紧抓身边的牢固物体并深吸一口气，待水头过去后再开展自救和互救。

遇到煤与瓦斯突出事故时，要迅速戴好隔离式自救器或进入压风自救装置、躲避硐室。

六、建筑安全技术知识

143. 高处作业人员要注意哪些问题？

(1)高处坠落事故在建筑施工中经常发生。要避免此类事故，必须配齐安全帽、安全带和安全网，它们被称为建筑施工的"三宝"。

（2）高处作业人员一般每年需要进行一次健康检查。患有心脏病、高血压、精神病、癫痫病的人，不可从事高处作业。

（3）高处作业人员的衣着要符合规定，不可赤膊裸身。作业人员要穿软底防滑鞋，绝不能穿拖鞋、硬底鞋和带钉易滑的靴鞋。操作时要严格遵守各项安全操作规程和劳动纪律。

（4）攀登和悬空作业人员（如架子工、结构安装工等）作业危险性比较大，因而对此类人员应该进行培训和考试，取得合格证后再持证上岗。

（5）高处作业中所用的物料应该堆放平稳，不可放置在临边或洞口附近，也不可妨碍通行和装卸。

（6）高处作业必须设有现场安全监护人。

144. 拆除作业要遵守哪些安全要求？

（1）在拆除前，应查明建筑物的结构和材料特点。禁止立体交叉作业。

（2）拆除整体的框架式钢筋混凝土建筑物时，要注意钢筋特别是主筋的种类、位置与数目，以便正确地确定隔离缝。

（3）拆除框架式钢筋混凝土建筑物时，需采取措施防止预应力混凝土构件突然起拱，进而造成拆除物失控或者丧失平衡而倒塌。

（4）采用拉倒法拆除时，要保证钢丝绳的设置位置与预定的倒塌方向一致，并设置危险区域和警戒岗哨。

（5）拆除屋面板时，要对屋面板的承载能力进行检查。

（6）拆除建筑物的楼板时，应事先查清楼板中主筋的分布情况。

（7）对于采用定向爆破法或垂直塌落爆破法的拆除作业，凡在爆破范围内能影响倒塌方向的设施,如避雷针、爬梯、台阶等,都应事先拆除。

(8)手工拆除钢制烟囱时,要按规程搭设脚手架。

(9)拆除工业管道时,要根据原始资料和管道标志确定管道种类以及管道内液体或气体介质的名称、性质和化学成分,然后制定拆卸方案。

(10)含可燃性气体介质的管道,如煤气、天然气管道等,应先卸压,用压缩空气和蒸汽吹扫,进行仪表检测,确认没有爆炸或燃烧危险后方能进行拆除作业。

145. 如何预防物体打击事故?

物体打击伤害往往表现为飞出或弹出的物体(如工具、工件、零件等)对人员造成的伤害。

物体打击伤害表现如下:

(1)在高处作业中,工具、零件、砖瓦、木块等物体从高处掉落伤人;

(2)乱扔废物、杂物伤人;

(3)起重吊装、拆装、拆模时,物料掉落伤人;

(4)设备带"病"运行,设备中的物体飞出伤人;

(5)设备运行中,用铁棍捅卡料,导致铁棍弹出伤人;

(6)压力容器爆炸飞出物伤人;

(7)放炮作业中的乱石伤人等。

预防物体打击事故的措施主要如下。

(1)牢固树立不伤害他人和自我保护的安全意识。

(2)人员进入施工现场必须按规定佩戴安全帽。应在规定的安全通道内出入和上下,不得在非规定通道位置行走。

（3）高处作业时，禁止乱扔物料。清理楼内的物料时，应设溜槽或使用垃圾桶。手持工具和零星物料应随手放在工具袋内，安装、更换玻璃要有防止玻璃坠落的措施，严禁乱扔碎玻璃。

（4）吊运大件要使用带有防止脱钩装置的吊钩和卡环，吊运小件要使用吊笼或吊斗，吊运长件要绑牢。

（5）高处作业时，对斜道、过桥、跳板要明确专人负责维修、清理，不得存放杂物。

（6）严禁操作带"病"设备。

（7）排除设备故障或清理卡料前，必须停机。

（8）放炮作业前，人员要隐蔽在安全可靠处，无关人员严禁进入作业区。

◎ **事故案例**

某年2月24日9时40分左右，山东某化工企业作业人员在清理现场时违章作业，从高处向下抛扔物料，造成1名后勤财务人员被砸成重伤。在这起事故中，作业人员在没有明确上下联系信号、监护措施不全面、没有警戒绳的情况下违章自高处扔重物，导致事故发生。

146. 施工现场如何预防触电事故？

（1）施工现场变（配）电设施应按图纸安装，配电箱、开关箱及其电气装置应符合施工现场临时用电安全技术规范。

（2）在建工程（含脚手架）的外侧边缘与外电架空线路的边线之间必须保持安全操作距离。

（3）施工现场的机动车道与外电架空线路交叉时，架空线路的最低点与路面的垂直距离应符合要求。

（4）现场架空线与施工建筑物水平距离应不小于10米，架空线的最低点与地面的距离应不小于 6 米。10 千伏以下架空线的边线与旋转式起重机的任何部位或被吊物之间的距离不得小于 2 米。

（5）在施工现场专用的中性点直接接地的电力线路中，必须采用 TN-S 接零保护系统①。电气设备的金属外壳必须与专用保护零线连接。

（6）配电箱、开关箱内的电气装置必须可靠完好。配电箱和配电柜的门应完好，门锁应有专人保管。

（7）开关箱每一闸刀开关下端要装配一只合适的漏电保护器。

（8）所有配电箱、开关箱内的电气装置应每月检查和维修一次。

（9）照明线路要按规定的标准架设，不准采用一根相线与一根地线照明。

（10）在施工现场，非电工均不准乱动电气设备。

◎事故案例

某年 9 月 11 日，因台风下雨，某工程人工挖孔桩施工停工。雨过天晴后，工人们返回工作岗位进行作业。约 15 时 30 分，又开始下雨，大部分工人停止作业返回宿舍，25 号和 7 号桩孔因地质情况特殊需继续施工（25 号由江某等两人负责）。此时，配电箱进线端电线因无穿管保护，配电箱进口处绝缘被割破，造成电箱外壳、PE（聚乙烯）线、提升机械以及钢丝绳、吊桶带电，江某触及带电的吊桶遭电击，经抢救无效死亡。

147. 怎样预防坍塌事故？

坍塌事故因塌落物自重大、作用范围大，后果往往很严重，常造成重大或特大人身伤亡事故。

---

① TN-S 接零保护系统是指具有专用保护零线的中性点直接接地的系统。

(1) 预防基坑坍塌事故注意事项。基坑开挖时必须制定专项施工方案，按设计坡度进行开挖。必须做好基坑排水工作，基坑内不得有大量积水。挖土方时，发现边坡附近土体出现裂纹、掉土及塌方险情时，应立即停止作业，下方人员要迅速撤离危险地段，查明原因后，再决定是否继续作业。

(2) 预防脚手架坍塌事故要注意以下几点：

1) 加强对脚手架的日常检查维护，重点检查架体基础变化、各种支撑件和连接件的受力情况；

2) 当脚手架的前部基础沉陷或施工需要掏空时，应根据具体情况采取加固措施；

3) 当隐患危及架体稳定时，应立即停止使用脚手架，并制定针对性措施，限期加固处理；

4) 在支搭与拆除作业过程中要严格按规定和工作程序进行。

◎**事故案例**

某年 10 月 25 日 10 时 10 分，南京某公司承建的南京电视台演播中心裙楼工地发生一起伤亡事故。在浇筑大演播厅舞台顶部混凝土施工中，因模板支撑系统失稳，大演播厅舞台屋盖坍塌，造成正在现场施工的作业人员和电视台工作人员 6 人死亡、35 人受伤（其中重伤 11 人）。

七、危险化学品安全技术知识

148. 危险化学品有哪些种类？

危险化学品是指具有毒害、腐蚀、爆炸、燃烧、助燃等性质，对人体、设施、环境具有危害的剧毒化学品和其他化学品。依据《化学品分类和危险性公示　通则》（GB 13690—2009），化学品按理化危险、健康危险和环境危险分为三大类。

（1）理化危险。具有理化危险的危险化学品包括爆炸物、易燃气体、易燃气溶胶、氧化性气体、压力下气体、易燃液体、易燃固体、自反应物质或混合物、自燃液体、自燃固体、自热物质和混合物、遇水放出易燃气体的物质或混合物、氧化性液体、氧化性固体、有机过氧化物、金属腐蚀剂16类。

（2）健康危险。健康危险包括急性毒性、皮肤腐蚀/刺激、严重眼损伤/眼刺激、呼吸或皮肤过敏、生殖细胞致突变性、致癌性、生殖毒性、特异性靶器官系统毒性——一次接触、特异性靶器官系统毒性——反复接触、吸入危险10类。

（3）环境危险。环境危险主要体现在危害水生环境上。

常见的危险化学品有液化石油气、天然气、硫化氢、汽油、农药、酒精、液氯、液氨、硝酸铵等。

149. 化学品安全技术说明书和安全标签包括哪些内容？

化学品安全技术说明书（MSDS）提供了化学品（物质或混合物）在安全、健康和环境保护等方面的信息，推荐了防护措施和紧急情况下的应对措施。化学品安全技术说明书包括16大项的安全信息内容：化学品及企业标识、危险性概述、成分/组成信息、急救措施、消防措施、泄漏应急处理、操作处置与储存、接触控制和个体防护、理化特性、稳定性和反应活性、毒理学资料、生态学信息、废弃处置、运输信息、法规信息、其他信息。

危险化学品安全标签是用文字、图形符号和编码的组合形式表示化学品所具有的危险性和安全注意事项，它可粘贴、挂拴或喷印在化学品的外包装或容器上。危险化学品安全标签要素包括：化学品标识、象形图、信号词、危险性说明、防范说明、应急咨询电话、供应商标识、资料参阅提示语等。

150. 储存危险化学品有哪些安全要求？

（1）危险化学品必须储存在经公安部门批准设置的专门的危险化学品仓库中，不得与其他物资混合储存。

（2）危险化学品应该分类、分堆储存，堆垛不得过高、过密，堆垛之间以及堆垛与墙壁之间应该留出一定的间距、通道及通风口。

（3）危险化学品露天堆放，应符合防火、防爆的安全要求，爆炸物品、一级易燃物品、遇湿易燃物品、剧毒物品不得露天堆放。

（4）互相接触容易引起燃烧、爆炸的物品及灭火方法不同的物品，应该隔离储存。

（5）遇水容易发生燃烧、爆炸的危险化学品，不得存放在潮湿或容易积水的地点。受阳光照射容易发生燃烧、爆炸的危险化学品，不得存放在露天或者高温的地方，必要时还应该采取降温和隔热措施。

（6）容器、包装要完整无损，如发现破损、渗漏，必须立即进行安全处理。

（7）性质不稳定、容易分解和变质，以及混有杂质而容易引起燃烧、爆炸的危险化学品，应该按规定进行检查、测温、化验，防止自燃及爆炸。

(8) 不准在储存危险化学品的库房内或露天堆垛附近进行实验、分装、打包、焊接和其他可能引起火灾的操作。

(9) 库房应设专人管理，库房内不得住人。工作结束时，应进行防火检查，切断电源。

◎ 事故案例

某年8月5日13时26分，深圳市某危险物品储运公司由干杂仓库改装的某危险化学品仓库发生爆炸事故。这起事故造成15人死亡、200多人受伤，其中重伤25人，直接经济损失超过2.5亿元。经调查，干杂仓库被违章改作危险化学品仓库且仓内危险化学品储存严重违章是发生事故的主要原因。

151. 危险化学品装运应遵守哪些安全规定？

运输危险化学品的驾驶员、装卸人员和押运人员必须了解所运载的危险化学品的性质、危险特性，了解发生意外时的应急措施，配备必要的应急处理器材和防护用品，并应遵守相关规定。

(1) 运输危险化学品的车辆应专车专用，并有明显标志。运输易燃易爆危险货物车辆的排气管，应安装隔热和熄灭火星装置，并配装导静电橡胶拖地带装置。

(2) 运装危险化学品要轻拿轻放，防止撞击、拖拉和倾倒。

(3) 碰撞、相互接触容易引起燃烧、爆炸和造成其他危害的危险化学品，以及化学性质或防护、灭火方法相互抵触的危险化学品，不得违反配装限制，不得混合装运。

(4) 遇热、遇潮容易引起燃烧、爆炸或产生有毒气体的危险化学品，在装运时应当采取隔热、防潮措施。

(5) 装运危险化学品时不得人货混载。禁止无关人员搭乘装运危险化学品的车辆。装运危险化学品的车辆通过市区时，应当遵守所在地公安机关规定的行车时间和路线，中途不得随意停车。

◎ 事故案例

某日上午，在湖南某地，一辆载着2吨多黄磷的汽车起火。企业专职消防队员闻讯赶来，他们在高压水枪的掩护下，掀开着火的黄磷桶，结果发生了接二连三的爆炸，炸飞的黄磷猛烈燃烧，4名消防队员当场牺牲。

在这起事故中，危险化学品管理、运输以及消防抢险都存在着严重的问题。当时，这辆运载危险化学品的车上根本没有押车员，而司机没有一点儿运输危险化学品的安全知识。消防队员在扑救黄磷火灾时，本应关闭车厢门，往车厢里灌水，让着火的黄磷重新浸泡在水中，但他们却采用了打开车厢门和黄磷桶的错误做法，再加上人员近距离接触着火的黄磷桶，因而造成重大伤亡。

152. 预防危险化学品事故有哪些措施？

（1）危险化学品中毒、污染事故的预防。目前，针对危险化学品中毒、污染事故的预防，采取的主要措施是替代、变更工艺、隔离、通风、个体防护和保持卫生。

（2）危险化学品火灾、爆炸事故的预防措施如下：

1）防止燃烧、爆炸系统的形成；

2）控制生产过程中的工艺参数；

3）消除能引发事故的点火源；

4）限制火灾、爆炸蔓延扩散。

（3）危险化学品运输和储存事故的预防。预防危险化学品运输和储存事故，主要是了解运输和储存过程中的安全技术知识，以及遵守相关规定。

◎**事故案例**

某日，北京某化工厂发生火灾爆炸事故，造成 9 人死亡、39 人受伤，20 余个 1 000~10 000 立方米的球罐被毁，直接经济损失 1.17 亿元。导致事故的直接原因是操作工操作失误，致使石脑油及其油气溢出，而溢出油气在扩散过程中遇到明火引起爆炸和燃烧。

153. 对危险化学品火灾有哪些紧急处置措施？

危险化学品容易发生火灾、爆炸事故，不同性质的危险化学品在不同的情况下发生火灾时，其扑救方法差异很大，若处置不当，不仅不能有效地扑灭火灾，反而会使险情进一步扩大，造成人员伤亡和财产损失。由于危险化学品本身及其燃烧产物大多具有较强的毒害性和腐蚀性，极易造成人员中毒、灼伤等伤亡事故，因此扑救危险化学品火灾是一项极其重要又非常艰巨和危险的工作。

危险化学品火灾发生后，首先要弄清着火物质的性质，然后正确地实施扑救。危险化学品火灾紧急处置措施如下。

（1）扑救人员应站在上风或侧风位置，以免遭受有毒有害气体的侵害。

（2）应有针对性地采取自我防护措施，如佩戴防护面具，穿戴专用防护服等。

（3）扑救可燃和助燃气体火灾时，要先关闭管道阀门，用水冷却其容器、管道，用干粉灭火器或沙土扑灭火焰。

（4）扑救易燃和可燃液体火灾，可用泡沫、干粉、二氧化碳灭火器扑灭火焰，同时用水冷却容器四周，防止容器膨胀爆炸。

但醇、醚、酮等溶于水的易燃液体火灾，应该用抗溶性泡沫灭火器扑救。

（5）扑救易燃和可燃固体火灾，可用泡沫、干粉、二氧化碳灭火器和雾状水灭火。

（6）扑救爆炸物品火灾时，切忌用沙土盖压，以免增强爆炸物品的爆炸威力。

（7）扑救遇湿易燃物品火灾时，绝对禁止用水、泡沫、酸碱等湿性灭火剂扑救，一般可使用干粉、二氧化碳、卤代烷扑救。

◎相关知识

当人体沾上油火时，如果身上的衣服能撕脱下来，应尽可能迅速撕脱；当来不及脱衣服时，可就地打滚把火压灭。但要注意，沾上油火的人不能由于惊慌失措或急于找人解救而拔腿就跑。人在跑动时，着火的衣服得到充足的新鲜空气，火势就会更加猛烈，同时人体会成为"流动"的火源，造成火势扩散。另外要注意的是，尽量避免用灭火器直接向人体喷射，以免对人体造成伤害。

154. 动火作业有哪些安全要求？

（1）动火作业必须办理动火作业许可证。进入设备内、高处等进行动火作业，还应执行进设备内和高处作业的相关规定。

（2）在高处进行动火作业，其下部地面如有可燃物、空洞、窨井、地沟、水封等，应检查并采取措施，以防火花溅落引起火灾爆炸事故。

（3）在地面进行动火作业，如果周围有可燃物，应采取防火措施。动火点附近如有窨井、地沟、水封等应进行检查，并根据现场的具体情况采取相应的安全防火措施，确保安全。

（4）动火作业应有专人监护，作业完毕应清理现场。

155. 设备内作业有哪些安全要求?

（1）设备内作业必须办理设备内作业许可证，并要严格履行审批手续。

（2）进入设备内作业前，必须将该设备与其他设备进行安全隔离，并清洗、置换干净。

（3）在进入设备前30分钟必须取样分析，分析合格后才允许进入设备内作业。如在设备内作业时间长，至少每2小时分析一次。

（4）采取适当的通风措施，确保设备内空气良好流通。

（5）应有足够的照明，设备内照明电压应不大于36伏。在潮湿或狭小容器内作业，照明电压应小于等于12伏。所用灯具及电动工具必须符合防潮、防爆等安全要求。

（6）进入腐蚀、窒息、易燃、易爆、有毒物质的设备内作业时，必须按规定佩戴和携带适用的劳动防护用品、器具。

（7）在设备内动火，必须按规定同时办理动火作业许可证和履行规定的手续。

（8）设备内作业必须设专人监护，并与设备内作业人员保持有效的联系。

（9）在作业条件发生变化，并有可能危及作业人员安全时，必须立即撤出；若需继续作业，必须重新办理进入设备内作业的审批手续。

（10）作业完工后，经作业人、监护人与使用部门负责人共同检查设备内部，确认设备内无人员和工具、杂物后，方可封闭设备孔。

 **事故调查处理知识**

一、事故调查处理的基本知识

156. 事故调查处理的依据和原则是什么?

(1) 事故调查处理的依据。事故调查处理主要依据《安全生产法》《生产安全事故报告和调查处理条例》《企业职工伤亡事故调查分析规则》等法律、法规和标准。

(2) 事故调查处理的原则如下。

1) 实事求是、尊重科学的原则。

2) "四不放过"原则。即事故原因没有查清楚不放过,事故责任者没有受到处理不放过,职工群众没有受到教育不放过,防范措施没有落实不放过。

3) 公正、公开的原则。公正,就是实事求是,以事实为依据,以法律为准绳,既不准包庇事故责任人,也不得借机对事故责任人打击报复,更不能冤枉无辜。公开,就是对事故调查处理的结果要在一定范围内公开。

4) 分级管辖原则。事故的调查处理是按照事故的严重级别来进行的。

157. 事故具有哪些特征？

（1）普遍性。各类事故的发生具有普遍性，从更广泛的意义上讲，世界上没有绝对的安全。

（2）因果性。各种伤害事故的发生都可以归结为物和环境的不安全状态、人的不安全行为、安全生产投入不足、安全管理的缺陷以及对意外事故处理不当等原因。

（3）偶然性。由于人类对事故的认识还不够透彻，特别是针对人的不安全行为的对策措施还比较有限，导致还不能完全解释某些事故的发生发展规律，难以控制事故的发展变化，这样的结果就使事故的发生具有偶然性。

（4）必然性。虽然事故的发生具有一定的偶然性，但是从统计的角度看，事故的发生和变化是有其自身规律的。

（5）不可逆性。事故本身具有一定的规律，不会因为人们的努力而改变其发展变化特性，这也可以称为事故的"单向性"。

（6）潜伏性。事故尚未发生或尚未造成后果的时候似乎一切都处于"正常"状态。

（7）突然性。事故是一种意外事件，是一种紧急情况，常常使人感到措手不及。

（8）危害性。事故的危害一般是比较大的，会造成人员伤亡和财产损失。

（9）可预防性。事故的发生、发展都是有规律的，只要科学、严谨地进行分析并积极做好有关预防工作，事故是完全可以预防的。

158. 事故发生后应该如何进行报告？

（1）事故发生后，事故现场有关人员应当立即向本单位负责人报告；单位负责人接到报告后，应当于1小时内向事故发生地县级以上人民政府应急管理部门和负有安全生产监督管理职责的有关部门报告。

情况紧急时，事故现场有关人员可以直接向事故发生地县级以上人民政府应急管理部门和负有安全生产监督管理职责的有关部门报告。

（2）应急管理部门和负有安全生产监督管理职责的有关部门接到事故报告后，应当依照规定上报事故情况，并通知公安机关、劳动保障行政部门、工会和人民检察院。

应急管理部门和负有安全生产监督管理职责的有关部门按规定上报事故情况时，应当同时报告本级人民政府。国务院应急管理部门和负有安全生产监督管理职责的有关部门以及省级人民政府接到发生特别重大事故、重大事故的报告后，应当立即报告国务院。必要时，应急管理部门和负有安全生产监督管理职责的有关部门可以越级上报事故情况。

（3）应急管理部门和负有安全生产监督管理职责的有关部门逐级上报事故情况，每级上报的时间不得超过2小时。

（4）报告事故应当包括下列内容：

1）事故发生单位概况；

2）事故发生的时间、地点以及事故现场情况；

3）事故的简要经过；

4）事故已经造成或者可能造成的伤亡人数（包括下落不明的人数）和初步估计的直接经济损失；

5）已经采取的措施；

6）其他应当报告的情况。

二、事故的调查处理

159. 如何组织事故调查？

特别重大事故由国务院或者国务院授权有关部门组织事故调查组进行调查。重大事故、较大事故、一般事故分别由事故发生地省级人民政府、设区的市级人民政府、县级人民政府负责调查。省级人民政府、设区的市级人民政府、县级人民政府可以直接组织事故调查组进行调查，也可以授权或者委托有关部门组织事故调查组进行调查。未造成人员伤亡的一般事故，县级人民政府也可以委托事故发生单位组织事故调查组进行调查。

特别重大事故以下等级事故，事故发生地与事故发生单位不在同一个县级以上行政区域的，由事故发生地人民政府负责调查，事故发生单位所在地人民政府应当派人参加。

事故调查组的组成应当遵循精简、效能的原则。根据事故的具体情况，事故调查组由有关人民政府、应急管理部门、负有安全生产监督管理职责的有关部门、监察机关、公安机关以及工会派人组成，并应当邀请人民检察院派人参加。事故调查组可以聘请有关专家参与调查。

160. 导致事故发生的原因有哪些？

导致事故发生的原因可以分为直接原因和间接原因。

（1）直接原因。直接原因是直接导致事故发生的原因，也是在时间上最接近事故发生的原因。事故的直接原因通常分为人的原因和物的原因两类。人的原因是指事故是由人的不安全行为引起的，物的原因是指事故是由物的不安全状态造成的。

（2）间接原因。间接原因是使事故的直接原因得以产生和存在的原因。事故的间接原因有以下几种：

1）技术和设计上有缺陷；
2）劳动组织不合理；
3）教育培训不够；
4）身体的原因；
5）精神的原因；
6）管理的原因；
7）社会和历史的原因。

161. 事故调查和批复的期限是多久？

事故调查组应当自事故发生之日起60日内提交事故调查报告；特殊情况下，经负责事故调查的人民政府批准，提交事故调查报告的期限可以适当延长，但延长的期限最长不超过60日。需要技术鉴定的，技术鉴定所需时间不计入事故调查期限，提交事故调查报告的时限可以顺延。

对于重大事故、较大事故、一般事故，负责事故调查的人民政府应当自收到事故调查报告之日起15日内作出批复；对于特别重大事故，应在30日内作出批复，特殊情况下，批复时间可以适当延长，但延长的时间最长不超过30日。

162. 如何认定事故的性质和追究事故责任？

事故的性质一般分为责任事故和非责任事故。

（1）责任事故。责任事故是指由于工作不到位导致的事故，是一种可以预防的事故。对于责任事故，需要处理相应的责任人。

（2）非责任事故。非责任事故是指由于一些不可抗拒的力量而导致的事故，如自然灾害事故。

事故责任包括行政责任、刑事责任和民事责任 3 种。

（1）行政责任。行政责任包括行政处分和行政处罚。其中，安全生产责任的行政处分规定，主要是对职务性过错的制裁，包括不作为失职处分和作为失职处分。

（2）刑事责任。认定和追究刑事责任的主体是国家审判机关，即各级人民法院，承担责任的主体是刑事违法者本人。《中华人民共和国刑法》中与安全生产有关的犯罪主要有重大责任事故罪，强令、组织他人违章冒险作业罪，危险作业罪，重大劳动安全事故罪，不报、谎报安全事故罪等。

（3）民事责任。民事责任是指行为人违反民事法律、违约或者由于民法规定所承担的一种法律责任。民事责任主要表现为财产责任。

◎**事故案例**

某年 8 月 12 日，位于天津市滨海新区天津港的某公司危险品仓库发生火灾爆炸事故，造成 165 人遇难、8 人失踪、798 人受伤，直接经济损失 68.66 亿元。

事故直接原因是该公司危险品仓库运抵区南侧集装箱内硝化棉由于湿润剂散失出现局部干燥，在高温（天气）等因素的作用下加速分解放热，积热自燃，引起相邻集装箱内的硝化棉和其他危险化学品长时间大面积燃烧，导致堆放于运抵区的硝酸铵等危险化学品发生爆炸。事故的间接原因主要是该公司严重违法违规经营，有关地方人民政府和部门有法不依、执法不严、监管不力。

该起事故的事故责任人受到了严厉的处罚，多人获刑，另有相关责任人受不同程度的党纪、政纪处分。